【俏妈咪产后宝典】

“食”尚妈妈

SHISHANGMAMA

——帮妈妈健康、快乐坐月子

爱自己，是爱家人的第一步

亲爱的，你准备好了吗？

主　编　陈学祥

编　者　黄筱闵　　陈惠云

中国劳动社会保障出版社

图书在版编目（CIP）数据

“食”尚妈妈：帮妈妈健康、快乐坐月子/陈学祥主编. —北京：中国劳动社会保障出版社，2014

ISBN 978-7-5167-1320-4

Ⅰ.①食… Ⅱ.①陈… Ⅲ.①产妇-妇幼保健-食谱 Ⅳ.①TS972.164

中国版本图书馆 CIP 数据核字（2014）第 219819 号

中国劳动社会保障出版社出版发行

（北京市惠新东街 1 号 邮政编码：100029）

*

三河市潮河印业有限公司印刷装订 新华书店经销

787 毫米×1092 毫米 16 开本 5.25印张 3.75彩色印张 158 千字

2014 年10月第 1 版 2014 年10月第 1 次印刷

定价：28.00 元

读者服务部电话：（010）64929211/64921644/84643933

发行部电话：（010）64961894

出版社网址：http://www.class.com.cn

内 容 简 介

随着社会的发展，家庭对母婴的重视程度和投入成本越来越高，但是随之出现的问题也很多，80后成为这一批生育高峰中的主要人群，他们多是独生子女，从小过着衣食无忧的生活，突然要成为有担待、独立的爸爸妈妈，有些无所适从。坐月子的饮食和注意事项、产后恢复、母乳喂养、产后抑郁问题困扰了很多的新爸爸新妈妈们。本书将从产后主要遇到的问题着手，力图能够帮助新妈妈们坐好月子，顺利度过产后时光。

本书结构清晰、内容全面，一共包含6篇内容，包括坐月子的环境准备、人员选择、不同季节的生活须知、产后生理变化应对，坐月子的常见疑惑与解答，月子餐的建议食谱，母乳喂养中遭遇的问题及退乳的相关事项，产后抑郁的应对方法，产后的恢复、生理调理及美胸丰胸饮食。全书贴近实际，融科学性和实用性于一体，是每一位新手妈妈的好帮手。

本书适合于每一位新手妈妈、新手爸爸以及照顾月子的家庭成员阅读，希望所有的家庭都能收获幸福。

主编的话

本人长期在大陆经商，从事食品进口及食品加工业，之所以跨足到坐月子领域，缘于几年前曾与台湾知名主持人小 S 代言的月子餐合作，生产过多种月子餐的常温料理包。

台湾的坐月子文化相当盛行，台湾女性生产后依然风姿绰约、美貌健康如昔，主要是台湾坐月子遵从中国老祖宗的智慧，月子餐讲究中药膳食、营养学的搭配，以科学方法让产妇迅速恢复健康、美丽、乐观与活力。

目前，台湾普遍的现象是妈妈们从女儿初经阶段，即开始借由食补辅助发育成长(见本书女性生理餐)。而坐月子的养生观念更是重视，当妈妈们月子坐得好时，自然有充分体力与营养哺育儿女，下一代的成长因此而受惠。

我生命中最重要、最关心的三个女人，都是坐月子成功的见证。耳聪目明、九十高龄的母亲；六十多岁、活力充沛的妻子；三十多岁、刚生有一女，依然如二十多岁小姑娘的女儿。因为她们身体健康，才让作为子、作为夫、作为父的我能够来往两岸，无后顾之忧。将心比心，我想把这种优质的坐月子文化与两岸女性同胞分享，更要与男性同胞互勉，关怀女性才有幸福美好的家庭生活。

女性产后会出现腰酸背痛、小腹突出、容易老化及抑郁症等现象，多是月子没坐好的缘故。西方女性生产后不坐月子，所以产后同年龄段的西方女性与东方女性比较起来，就显得苍老许多。为了提升大陆女性的保健观念，多位女性领导希望本人能提供台湾女性养生膳食的食谱，也引起广大女性对月子餐的重视。本人利用工作之便结合台湾相关方面的专业背景，规划这本《"食"尚妈妈》，希望妈妈们在怀抱新生命喜悦的同时，了解坐月子的重要性，让宝宝及家人共同拥有更美好的未来。

身、心健康应同时兼顾，除了健康的月子餐外，产妇的情绪也要多加安抚，特别是丈夫的体贴、关怀。目前产妇在生产后觉得烦躁、情绪低落的人数日渐上升，产后抑郁症越来越多，本书也有专文，除加强夫妻心理建设，更提供减缓抑郁症的饮食疗法，全方位协助产后妈妈及整个家庭，开创和谐美好的生活。

序　一

过去坐月子的食补中，往往为了补充大量营养成分，产妇食入了超高的热量（包括过多的糖类及脂肪），那么到底该如何均衡营养呢？本书作者——养生膳食料理专家陈学祥先生，除了在食材上给出中肯建议外，还提供了坐月子期间的护理要点，包括产后身体变化及照护重点，月子期间常见疑惑与解答等，让美丽健康能够一次到位。此外，针对哺乳妈妈经常遇到的问题、摄取食物时的选择与禁忌，一并加以探讨。

在营养摄取部分，陈学祥先生提供多年经验，结合中医师汇整出的月子餐食谱，使新妈妈们能在产后最关键的四周调理，吃出好体质。最后又告诉大家如何通过适当方法帮助产后妈妈安全减重，秀出健康苗条好身材，也分析了产后妈妈出现产后抑郁的原因与减缓抑郁症的方法。

这是一本专为产后妈妈量身定制的全方位福音书，希望借由推荐本书，让更多女性享受坐月子的过程，获得最大的幸福、健康。相信在作者巧手妙笔下，一定能让好的坐月子居家调护理念更为大众所知，传递并“孕”育出更多爱与幸福。

中华科技大学董事长 孙永庆

序　二

本书作者陈学祥先生以现代营养学、护理及医学新知，对于怎样坐好月子，以适合读者阅读的方式，对许多常见问题提出精辟独到的见解。对于不同产后阶段需要的营养，如补血，去除恶露，强筋骨，甚至于预防老化，整体养身强身等，进行浅显易懂的讲解，实为现代女性的福音。对于产后调养，本书详细指导不同体质应如何判别及如何调养，在如此调理分明的系统架构下，相信读者皆可轻松阅读，并健康、快乐地享受坐月子时光。

本书中作者有提供中药材配合食材的膳食料理食谱，对于初为人母者，除可作为饮食指导，更可将其奉为圭臬。作者融合各医家精华、现代医学及自己多年专业独到的经验，一定能让更多读者及大众获益良多。

现代追求健康自然养生已蔚为潮流，希望借由推荐此书，可以造福产妇，让产妇在家坐月子时，受到中华文化食疗的调养与照顾。

中华科技大学健康科技学院院长　钟竺均

序　三

生产后坐月子，可以说是女人一生中很重要的时期。如果能把握月子期，许多的宿疾和不健康的体质，都能趁这段黄金期改善，但若是忽略坐月子的重要性，很容易会产生新的疾病，而原本健康的身体反而开始走下坡路。所以，月子期也可以说是女人身体的转折点。

爱家人前一定要好好照顾自己，有了健康的身体才能哺育下一代。月子期该如何好好照顾自己，以及可能会遇到哪些问题，又该如何通过简易的中药膳食为自己调理等问题，都是产妇必须要了解的问题。

由于曾担任多家月子中心的顾问医师，在行医的过程中有许多感触，因为怀孕引发身体的改变，对孕妇造成相当大的影响，不论是身体或心理，都是一个很大的变化。而在接触过上千位产妇的身体后，观察认真坐好月子和轻忽的产妇，往后身体的确出现很大的差异，因此更认同坐月子这古老的智慧对产妇的重要性。

事实上，许多古老有智慧的观念正慢慢地流失，许多人已忘记该如何正确地坐月子，很开心陈学祥先生将台湾坐月子的方法与智慧分享给更多需要的朋友们，希望每一位产妇都能好好坐月子，让自己更健康、更美丽。

李思仪中医诊所院长　李思仪

** 李思仪，著有《坐对月子不会老》《不吃西药，跟着中医妈妈养出不生病、不过敏的健康孩子》《做对 32 件事，生个健康好宝宝》等书籍。*

序　四

中华文化博大精深，而月子文化更是一门独特的学问。兼顾滋补与健身，是所有月子专家一致追求的目标。

我是一名台湾的妇产科医生，也担任月子中心顾问医师，我的研究背景是孕期生理学、荷尔蒙医学及周产期医学。台湾的医学列世界先进水平，加上中医承接了《黄帝内经》《本草纲目》以来的一贯思想，并发扬光大。在中西医蓬勃且合作的环境下，发展了多年的月子文化，也就成了一门有系统、可深可广的学问。

在这样的文化下，台湾女性显得容光焕发，极少出现妊娠及临盆带来的衰老，身体机能也因月子坐得好越显康健，生过两个、三个小孩的妈妈，体态依旧轻盈，这一切都要归功于正确的坐月子理念和月子餐的正确食用。

很高兴知道我的旧识陈学祥先生为了广大的月子产妇，编排了这一本充满智慧又兼具实用的月子书籍——《"食"尚妈妈》，我一定要来帮忙推荐，因为这是一件非常有意义的事情。

慈济医院、台大医院妇产部主治医师 杨浚光

**杨浚光，著有《妈妈好孕，宝宝才好运：十个月，决定孩子的一生》。*

目录
CONTENTS

第 1 篇

坐月子，你“坐”对了吗？

第 1 篇

坐月子，你“坐”对了吗？

1.1 营造舒适温馨的居家环境

1.1.1 选择合适的坐月子房间

1. 不宜住在潮湿、晒不到阳光的房间里，由于妈妈的体质和抵抗力都比较弱，所以居室需要保温、舒适。

2. 要选择阳光和朝向好的房间，夏天可避免过热，冬天又得到最大限度的阳光照射，使居室温暖。

3. 居室采光要明暗适中，最好有多重窗帘等遮挡物，随时可以调节采光。

4. 居室通风效果要好，不要接近厨房等多油烟的房间。

1.1.2 提前做好房屋清洁消毒

产妇和宝宝在月子期间几乎整天都在居室内度过，做好清洁卫生是防病保健的前提。可以在产妇回家之前的两三天，将坐月子房间打扫得非常干净。

1. 家里用 3% 的苏打水湿擦或喷洒地板、家具和 2 米以下的墙壁，并彻底通风。

2. 卧具、家具也要消毒。

3. 保持卫生间的清洁卫生，要随时清除便池的污垢、排出臭气，以免污染室内空气。

4. 丈夫和家人不要在居室内吸烟。

1.1.3 保持房间温湿度适宜

当产妇回到家中后，一定要保持房间温度、湿度适宜。冬天温度要保持 28℃左右，湿度要保持 30%~80%。夏天温度要保持 26℃左右，湿度要保持 30%~60%。建议在产妇房中放置一个测试温度和湿度的仪器，同时特别注意以下几点：

1. 注意通风。根据四季气候和妈妈的体质而定，即使是冬季，房间也要定时开窗换气。开窗换气时，妈妈和宝宝可以先去其他房间休息，避免直接吹风而导致感冒。

2. 空调温度不宜过低。如果使用电风扇则不宜直吹妈妈。除此之外，要保持室内安静，减少噪声，不要大声喧哗。要避免过多亲友入室探望或过多的人来回走动，以免造成空气污染和影响妈妈的休息。

1.2 选择最适合的照顾对象

随着现代化城市的发展和新观念的转变，坐月子的方式也出现许多变化，目前去月子中心或者请专业月嫂也越来越多。除了依照家庭环境、时间、经济状况等条件考虑坐月子的方式外，可以从以下四个方面进行评估，让新妈妈的月子坐得轻松又愉快。

考虑因素一：饮食安排

	妈妈或婆婆帮忙	去月子中心或请专业月嫂	小夫妻自己坐月子
优点	妈妈或婆婆掌厨，自然会知道女儿或儿媳的口味与喜好，每一餐都尽心尽力，但是老一辈对营养元素的搭配可能有所欠缺	按照科学的方法提供最佳饮食内容与均衡营养，月子中心甚至可以提供定制化服务，对身体恢复大有好处	自己最理解自身的喜好，想吃什么就煮什么，没人会来干涉
缺点	妈妈或婆婆做菜的热情过高，也会错误地认为“多吃有利于身体恢复，有利于产奶”，“逼”得新妈妈多吃多喝，营养过剩	口味未必喜欢，需要一段磨合的过程；费用较高	体力不足以应付，给丈夫造成了较大的压力，且吃得不对反造成身体负担及疾病

注：月子餐也可向专业制造工厂或者月子中心购买。

考虑因素二：生活护理

	妈妈或婆婆帮忙	去月子中心或请专业月嫂	小夫妻自己坐月子
优点	因为是亲人，尤其是自己的妈妈来照顾，再害羞的新妈妈都能够接受，而且容易沟通	专业护理人员及月嫂在母乳哺育、会阴护理等方面，能给予信心和指导，及时的帮助与解除困难，能让新妈妈觉得很安心	没有长辈叮咛，比较自由，可按照自己的想法行事
缺点	隔代之间存在不同的育儿理念，经常会因为不同的理念而产生不必要的矛盾	花费较高	力不从心，而且手忙脚乱，人很累

考虑因素三：产后恢复

	妈妈或婆婆帮忙	去月子中心或请专业月嫂	小夫妻自己坐月子
优点	总是担心新妈妈的体力不够，很多事情都帮新妈妈做好	每天指导做一些恢复运动，给予专业的指导，帮助新妈妈尽快恢复产前状态	可以依据自己的爱好选择产后恢复运动，自己掌握强度和进度，不受他人意见干扰
缺点	思想太保守，甚至不同意做产后恢复体操，以及一些恢复身材的膳食计划，导致新妈妈无法恢复体形，甚至越来越胖	如果与家中长辈观点不一致，新妈妈夹在中间，会觉得有点麻烦，且一些私密性问题难以启齿	凡事要自己来，又不一定做得正确，感觉比较辛苦，担心做错，也得不到充分休息，不利恢复

考虑因素四：宝宝照料

	妈妈或婆婆帮忙	去月子中心或请专业月嫂	小夫妻自己坐月子
优点	外婆或奶奶照料小宝宝用心且富有耐心	护理人员都受过专业训练，并拥有一定的工作经验，照料宝宝通常很熟练且专业，面对突发事件能冷静处理。最重要的是能让产妇有充分休息的时间	可以亲手料理宝宝的一切，感受其中的幸福与感动，而且只要夫妻观念一致就好，不用管老人家的意见
缺点	有些老人家坚持自己的育儿方式，例如：给宝宝穿太多衣服，坚持不能吹到风，甚至以自己的经验给婴儿喂食	不确定护理人员是否可以投入百分百的心思，是否可以像对待自己的孩子一样照料宝宝	缺乏育儿经验，遇到突发状况无人可在第一时间处理。有时候会觉得孤立无援，再加上作息受宝宝影响，无法充分休息，身心疲惫

1.3 不同季节坐月子生活须知

1.3.1 春、夏聪明坐月子

凉爽的春天被认为是最适合坐月子的季节，刚生完小宝贝的妈妈们，该如何在春天及夏天坐好月子呢？

1. 适时沐浴、洗发

易出汗的季节，自然产的产妇可视会阴伤口情况决定沐浴，剖宫产则最好一周后再清洗，沐浴方式均以淋浴为佳。洗净后，应立即擦干，穿上长袖衣物，再离开浴室。也可以准备温热毛巾，用温水擦拭全身或身体较易流汗的部位，以解除黏腻感。产后一周后再洗头，并避免低头、弯腰姿势，以免造成头晕、腰酸背痛，洗后立即将头发、头皮擦干并吹干。在无法洗发前，产妇可将药用酒精隔水温热后，再拿棉花蘸酒精，或使用市面上的产后干洗洗发露，慢慢擦拭头皮，完成后再以干的温毛巾，重新擦一遍，同样也可以达到清爽的目的。

2. 开冷气、风扇须注意风向

需多留意室温变化，建议可将冷气温度维持在 26℃；同时将通风口调高，避免冷风直接吹向产妇。

3. 衣着以舒适、透气为佳

产妇应视气温调整穿着，若天气炎热，仍包得密不透风，反倒容易中暑或长痱子，不利身体健康，但仍应兼顾保暖，宜以“舒适、透气、适度保暖”为原则。

产妇多待在室内，在维持舒适的室温下，建议穿着以薄棉、麻纱材质的长袖长裤为佳，因棉、麻材质具吸汗、透气的特性。

此外，多准备些更换的衣服，产妇的贴身衣物需经常更换，在方便性与卫生原则考虑之下，也可准备一些免洗棉质内裤。

Tips：不论是自然产还是剖宫产的产妇，产后都以擦浴或淋浴为佳。需在恶露结束后，才能进行坐浴、盆浴，以免细菌进入阴道、子宫，导致发炎和并发症。

1.3.2 秋、冬聪明坐月子

1. 洗澡注意时间、水温的掌控

产妇冬季沐浴与夏季相同，但更需注意时间、温度。水温不宜过热，建议掌控在 37℃左右。沐浴前，先调节好浴室温度，或用电暖器提高至适当的室温后，再入内沐浴。清洗时间以 5~10 分钟为宜，以免出汗过多，容易头晕、目眩，或引起感冒。

秋、冬季早晚温差较大，太阳下山后温度明显降低，因此产妇选择每天中午进行沐浴。过饿或吃太饱时也不适合，建议饭后 1.5~2 小时，是较适合进行沐浴的时间。因气候的关系，一般秋、冬季的流汗量会较夏季来说相对减少。产妇可视自身的情况，决定洗澡、洗发的频率。

2. 房间勿过度干燥

在气温较低的季节，保暖显得格外重要。室内的气温宜使用空调、电暖器等设备来控温。使用电器设备时，应注意安全。另外，保暖勿忘保湿，若持续使用电暖器，可能会使长时间待在房间的产妇，感到口干舌燥，建议使用的同时，可在室内放一盆水，增加相对湿度，会感觉较为舒适。也可使用加湿器，但是要注意加湿器的清洁消毒，不要加自来水，可以加入蒸馏水或矿泉水。

3. 添加衣物，加强保暖

妇女产后身体会自动代谢水分，比较容易出汗，在天气偏冷时坐月子，由于需不时穿脱衣服哺乳，冷热交替容易感冒。因此，保暖显得相当重要。建议产妇准备较厚的棉质或毛质长袖、长裤当作睡衣。而哺乳的妈妈们则最好准备前开式睡衣或哺乳睡衣，不仅方便，也可避免着凉。

厚睡袍与毛袜是产妇的必备品，建议要随时放在床边。当下床走动时，产妇务必披上睡袍，穿上毛袜，注意保暖。

4. 出门注意头部保暖，切勿吹风

坐月子期间，产妇应尽可能不要出门。若必须外出，也应不要到人多的地方，并留意伤口。避免头部、颈部受寒，戴帽子或包头巾、穿高领上衣或围围巾，都是不可忽视的。

Tips： 毛帽、围巾、高领毛衣与睡袍，为产妇必备的保暖好物。

1.4 产后生理变化巧应对

产后的生理变化有很多，了解这些变化的原因，加以正确对待，新妈妈们可以发现，经过一个月子，反而蜕变得更加美丽和健康。

身体部位	产后时间点	产后母体的变化
子宫	第 3—7 天	产后痛、排出血性恶露
	第 7—10 天	排出浆性恶露
	第 10—14 天	排出白色恶露

（续表）

身体部位	产后时间点	产后母体的变化
会阴	第4—5天	伤口逐步愈合
	第7天	疼痛感消失
	第4—6周后	恢复原状
乳房	第2—3天	产后开始分泌乳汁（初乳），若乳汁无法顺利排出，将造成乳房胀痛
卵巢	第6—8周	月经来临（但持续哺乳者，可能产后至28周左右，也可能整个哺乳期都不来月经）
体重变化	生产完	体重会降低3~5千克，孕期中的水肿会随着时间逐渐消退
肠胃道变化	第1—7天	最常见的是便秘问题
排尿	6小时内	身体感到大量的尿意，若不将尿液排出会造成膀胱受损
排汗	第1—5天	身体大量排汗，要避免着凉，并注意卫生

变化1：恶露

恶露是指子宫内的残血、红细胞、黏液和组织混合而成的分泌物，子宫内膜在修复时，恶露就会排出。正常情形在产后最初三天就像月事来潮一般（有时甚至量更多），经由阴道排出。产后恶露的颜色与量会随时间改变，产后第3—7天的恶露颜色呈暗红色或红色，又称“红恶露”，和经血量差不多、有时量稍微多一点，有鱼腥味，无臭味。

当生产完第一次起身时，阴道可能会突然流出较多血液，这是正常的现象，并不需要过于担心。到了第7—10天，恶露则慢慢转为粉红色或棕色，又称“浆恶露”，恶露量较少。第10—14天起颜色渐趋白色，又称“白恶露”。恶露时间一般持续约4周，因人而异。

由于每个人的体质不同，但大多会在一个月内慢慢结束，如果有超过一个月以上的情形，则必须请医生检查。

Tips:

1. 医院一般会为产妇提供“生化汤”，遵医嘱服用即可。还可以环形按摩腹部子宫位置，让恶露能顺利排出。

2. 大小便后用温水冲洗会阴，擦拭时务必记住由前往后擦拭，或直接按压拭干，勿来回擦拭。

3. 冲洗时水流不可太强或过于用力冲洗，否则可能造成保护膜破裂。

4. 手不要直接碰触会阴部位，以免感染。

变化 2：产后痛

许多生产完的妈妈都会经历“子宫收缩”所引起的疼痛问题，这就是俗称的“产后痛”。产后子宫出现正常的收缩现象（像抽筋般的疼痛），是子宫止血，让恶露与子宫内残余的血块加速排出体外的过程。

一般来说，初产妇对于产后痛的感觉没有经产妇（生产第二胎以上者）来得明显，甚至不会感受到疼痛。主要因为经产妇的产后子宫收缩是“间歇性”的，且用力地收缩让子宫复旧，使身体得以复原，因此产后痛的感觉与频率则会较明显；但初产妇由于产后子宫肌肉收缩是“持续性”缓缓地收缩，产后痛的感觉相对减轻。

产后痛容易与其他症状互相重叠、甚至搞混，那产后妈妈要如何分辨产后痛是子宫收缩带来的疼痛，还是胀气导致的腹部不适呢？产后痛一般在肚脐以下部位，腹部胀气一般在肚脐周围。产后妈妈可在亲喂母乳时，感觉到腹部的疼痛或是收缩感便是产后痛，这是因为乳头受到刺激后会引起脑部分泌催产素（一种使子宫收缩的荷尔蒙）。因此，医界鼓励妈妈亲喂母乳，除了让宝宝获取最佳的营养外，同时也加速产后妈妈的恶露排出与子宫恢复。

生产后约需 6 周的时间慢慢让子宫收缩到原先的状态，这过程称为“复旧”。另外，剖宫产也会有产后痛，且剖宫产还需注意伤口痛。有些妈妈会误以为伤口痛是子宫收缩的疼痛，两者是完全不同的状况。随着医疗进步，有些妈妈会要求医生在剖宫产的伤口上使用术后止痛药物，同时减缓产后痛与伤口痛。

Tips： 可采用以环形方向按揉子宫的方法，除舒缓疼痛外，也可帮助子宫内的残留血块顺利排出。

变化 3：排尿困难

正常情况下，产妇在分娩后 4~6 小时会排尿。同时，由于利尿作用，在产后 12~24 小时排尿会大为增加。如果 6 小时后仍没有排尿，就必须请医护人员协助解决，因为尿液滞留会提高泌尿道感染的机会，且涨满的膀胱也可能使子宫移位，影响子宫收缩，甚至造成子宫出血。

产后排尿不顺的原因主要有两种，一是因为膀胱、尿道因生产而受伤、水肿，产妇无法感觉膀胱涨满；另一个原因则是会阴伤口疼痛及腹内压减少，造成产后小便困难或产生解不干净的感觉。

Tips:

1. 为了刺激排尿并避免使用导尿管，应该每15~20分钟收缩和放松骨盆肌肉5次。

2. 下床排尿前，不要一下子坐起来，要慢慢地坐起来，并在家人或护士的陪同下上厕所，以免体力不支，昏倒在厕所。

3. 上厕所的时间如果较长，站起来的时候动作要慢，不要突然站起来。

4. 如果使用导尿管，产褥垫要经常更换，3~4小时更换一次，同时清洗会阴部。

变化4：容易便秘

产后肠胃道变化极为明显，最常见的是便秘问题。妈妈们应在产后2~3天内排便，但由于黄体素影响，肠肌松弛，或是腹内压力减小，很多人产后第一次排便的时间往往会延后，尤其是因为准备分娩而没有正常饮食的妈妈，更容易造成排便不顺。协助排便的方法包括运动及正确的饮食，也可借助对消化有帮助的酵素饮品，让便秘情况改善。

Tips:

1. 为了避免排便时用力过度，应该适量喝水，食用新鲜蔬果、高纤维食物。有条件的话，吃全麦或糙米食品。

2. 常下床行走可帮助肠胃蠕动，促进排便。

3. 避免忍便或延迟排便的时间，以免导致便秘。

4. 避免咖啡、茶、辣椒、酒等刺激性食物。

5. 如果有便秘情况，可按医生指示使用口服轻泻剂或软便剂。

6. 排便之后，使用清水由前往后清洗干净。

变化5：排汗量大

无论是冬天，还是夏天，产妇在分娩后出汗总是比正常多，稍微活动或是进食时，就会汗流满面，在睡觉时更为明显。这种产后从皮肤排出大量汗液的情况，医学上称为“褥汗”，是产后机体恢复和自身调节时的一种正常生理现象，是由于失血而使体内阴阳失去平衡，所以汗会出得特别多，但大多于产后数日内自行缓解，不必为此忧虑。

但是，需要注意的是，医学上有一种病理性出汗——产后汗异常。其主要特点为汗多湿衣，持续不断，常兼气短身懒；或睡觉时多汗、醒来即止，五心烦热，口干咽燥，头晕耳鸣等。

不管是正常出汗还是病理性的异常出汗，都是因为产后失血，气又随血而去，造成气虚而不能固表，毛孔不能收缩。同时失血也造成阴虚内热，会自觉体内发热而出汗不止。如果过了 3~4 天仍出汗多者需要加以治疗。否则不论是正常出汗还是病理性的异常出汗，都会进一步地流失体液，会使乳汁缺乏而无乳汁哺育宝宝，或津枯而导致便秘。同时出汗多造成毛孔张开而容易感冒，严重的人则会因体液流失过多而发生抽筋现象。

Tips： 要适当饮水，补充体液，还要注意皮肤清洁，经常擦拭。穿衣服要适当，穿得太厚，会妨碍汗液排出，穿得太少又容易感冒，应该与平时相似，以体感舒适为佳。

变化 6：身材变形

身材改变的原因，在于怀孕过程中重量增加，以及子宫撑大造成内脏下垂与骨盆松弛，加上长期姿势和受力方式产生的不适所致。通常在生产完后，身材不容易马上恢复，可用弹性贴身的人体工学热能腹护带协助产后复原，产妇又因生产过程出现腰酸背痛的问题，热能腹护带后腰部设有垂直弹性软支撑条，有助减少腰背之痛。

Tips：

1. 坐月子期间，以营养均衡为原则，如能按照专业营养师所调配的月子餐进食最为适宜。

2. 喂母乳时，必须保持正确的哺乳姿势，让后背保持平直并且贴紧椅子，可以用一个靠垫来支托，切勿弯腰驼背。

3. 平日保持良好的姿势，经常运动，以减少日后出现腰酸背痛的毛病。

变化 7：眼花

眼睛是心灵之窗，尤其当产妇从怀孕到生产完坐月子的这段时间，眼睛的保健更为重要。此时若产妇不注意眼睛的保健，那么往后眼睛将会变得较为容易酸痛，或较容易感到不舒服。在许多医学书上也有提到，女性的老化多是从眼睛开始。

生下宝宝后，由于体内激素的变化，会出现眼花症状，看电视、读报纸都受影响。

这只是暂时的视力下降，只需常常闭眼休息，不要长时间关注某一物体，状况就会慢慢改善。

Tips：

1. 坐月子期间，减少看电视、读报纸的时间。如果一定要看，每十五分钟便要让眼睛休息十分钟，让眼睛有充分的休息时间。

2. 产妇要避免任何会使自己流泪的场合，或是任何会使自己想哭的事物。保持愉悦的心情，努力使自己开心。

3. 可以多听些轻柔的音乐，一方面让眼睛休息，一方面能使自己感到放松，消除紧张的情绪。

变化8：荷尔蒙变化

从生产前到生产后，女性荷尔蒙会产生很大的变化，然而一旦生产完，这些荷尔蒙就会急速下降，一下子失去大量荷尔蒙的支持，就会造成爱美妈妈最讨厌的黑斑、掉发及色素沉淀等问题，受影响程度依每个人的体质状况而有不同。不过荷尔蒙的变化和生活方式、压力、作息息息相关，产后的生活压力、生理变化、情绪变化，甚至疾病等问题也不能轻忽。

Tips：

1. 掉发症状最长在一年之内便可自愈，妈妈不必过分担心，如果脱发情形严重，可服用维生素 B_1、谷维素等，但一定要在医生指导下正确服用。

2. 慢慢适应照顾新生儿及生活上的种种变化，不要求自己事事完美，不要钻牛角尖，放松心情，以乐观的态度迎接生活的变化。

第 2 篇

坐月子的疑惑与解答

第2篇 坐月子的疑惑与解答

坐好月子不但能让产妇消除疲劳，恢复体力，也能轻松恢复好身材、改变体质，预防老化提早报到。针对新妈妈们的一些疑惑，希望可以从下文中找到答案。

2.1 生活习惯

Q1：什么是坐月子?

A：“坐月子”是民间俗称，即医学上指的产褥期——从分娩结束到产妇身体恢复至孕前状态的一段时间。怀孕期间和分娩之后，女性的身体发生了变化，这些变化需要通过坐月子来进行调整，在坐月子期间，有别于日常生活的生活方式、饮食方式以及休养的方式。

Q2：坐月子是一个月吗？必须要足月吗?

A：传统的坐月子的时间是从宝宝出生之日算起，一般持续一个月。现在通常认为是产后的 6 周，也就是胎儿娩出后的 42 天之内。

古人有“弥月为期，百日为度”之说，产后一个月称为“弥月”，即“小满月”，也就是传统上所说的“月子”。若讲究一点，可坐满 42 天也就是 6 周，称之为“大满月”。广义的“月子”通常是指生产后 1~3 个月，此处的 3 个月，对应的就是古人说的“百日为度”。现代医学一般认为，坐月子的时间应该是 42~46 天，因为医学上所讲的产褥期是 6~8 周，也就是恶露完全消失以及子宫恢复到孕前大小的时间。

如果遇到一些特殊情况，一些妈妈还可能会延长坐月子的时间。比如感觉身体恢复得不好，或者剖宫产的伤口还没有完全愈合等。在这么长的一段时间里，要遵行一些禁忌及规则，对很多现代的妈妈来说可能是一项挑战。为了自己健康、幸福的一生着想，建议妈妈们一定要好好把握月子期这个黄金时间。

Q3：坐月子一定要“捂”吗?

A：夏季温度高，天气酷热，如果按照传统坐月子方法包头巾、关窗户，就算产妇没病也会捂出病来。

在老人的观念中，产妇在坐月子时，家里最好门窗紧闭，不能开空调或电扇，还要穿着长衣长裤，包头巾，全副武装。夏季时，如果空气不流通，又不开空调，还穿这么多的衣服，产妇很容易中暑。所以，建议适当开窗通风，只要避免穿堂风，不直接面对空调的出风口吹空调。还有空调温度不要调得过低，毕竟产妇抵抗力较低。冬天坐月子时，产妇要注意保暖，但是室内也应经常通风。

另外产妇汗多时要勤换衣服，穿着无须过于严密，尽量以宽松、舒适为主。

Q4：坐月子要完全卧床休息吗？

A：由于传统观念的影响，不少人认为坐月子期间就应该卧床休息 1 个月，最好不要下床。其实这是错误的观念，不符合产妇的调养及恢复。新妈妈们在产后的最初几天，由于刚经历完生产的过程，身心方面都比较疲劳，是应充分卧床休息。在休息期间，家人应从各方面给予护理和照顾，使妈妈的精神及体力得以恢复。

若无出现会阴撕裂伤、会阴侧切手术、产道损伤，以及身痛、腹痛、发热等症状的产妇，在产后 6~12 小时便可在床上靠着坐起来，第二天完全可下床在室内轻步走动，如此可加速血液循环，有利于恶露的排出、子宫的恢复。如会阴有切口的产妇，可以在第三天下床行走。剖宫产的产妇，经过充分休息后，可视自身恢复情况下床行走，待拆线后检查伤口无感染者，可做产后保健操。

新妈妈们在下床之前，一定要先在床上坐几分钟，感觉没有不适时，再下地活动。产妇活动量应由小逐天增大，产后的活动也应轻柔缓和，才能让身体肌肉有适应的过程。

无论自然产还是剖宫产，产妇都不宜“赖床”，要尽早下床活动。这样有利于体形恢复，预防下肢血栓性静脉炎、静脉栓塞。一般来说，自然产产妇在产后 6 小时、剖宫产后在 24 小时可下床适当活动，逐渐增加活动量，不长久站立、不下蹲、不过度用腹压。

Q5：坐月子不可行走、运动吗？

A：产后初期，适量运动对于恶露的排出、子宫恢复十分有利，适当的运动健身不仅对身材恢复有好处，对缓解产后肌肉和骨骼的酸痛也很有效果。同时，规律的运动还可缓解压力，并减少产后抑郁症的发生。

产妇可进行各种有氧、力量训练或参加瑜伽、舞蹈等运动，但要提醒：运动不能心急，运动量一定要循序渐进。产前有运动习惯者，在产后可继续自己喜欢的运动来进行减肥；平常没有运动习惯者，建议可以先从较静态的柔软操，或是走路散步之类较温和的运动开始进行。产妇身体比较虚弱，尤其是剖宫产的产妇，伤口需要一定的时间恢复，不建议做剧烈的运动。

运动建议：

1. 产后当日，产妇开始下床排尿，并近距离走动。

2. 产后一周，产妇可根据自身情况开始做保健操，尝试做一些轻微家务及饭后散步。

3. 产后一个月，如果身体恢复较快，产妇可开始在床上做一些仰卧起坐、抬腿活动，每天要安排 1~2 次，每次半小时，根据自己的条件合理调整，也可通过简单家务等日常生活达到锻炼的目的。

4. 产后 3 个月后或断乳之后，可参加剧烈消耗体力的运动，例如慢跑、跳绳、游泳及跳舞等活动。

Q6：坐月子可以使用束腹带吗?

A：束腹带主要是补充肌力不足，调整腹部松弛，能够防止内脏下垂，同时调整体型。使用束腹带注意：不要过紧，位置不要过高，过紧和位置过高都会影响呼吸，无法长期坚持。用束腹带帮助收腹，关键是佩戴的时间，最好低强度、长时间，和减肥的原则是一样的。合理使用束腹带，最好晚间睡觉的时候也用。佩戴束缚带要以妈妈觉得舒适为佳，千万不要为了盲目追求瘦身塑形效果，而将束缚带收得太紧，不利于子宫复原，也可能会压迫内脏，得不偿失。

新妈妈如要尽早恢复身材，还是要加强产后的锻炼，经常做抬腿、仰卧起坐及一些有帮助的体操。

Q7：产后多久进行瘦身?

A：产后瘦身首先要取决于妈妈是采取何种方式分娩，自然分娩的妈妈们一般一个月就可以进行瘦身的课程。剖宫产的妈妈们，则要等到腹部伤口完全愈合后，才能开始腹部瘦身疗程，一般大多是在产后 2~3 个月。但若有其他症状或问题，则身体状况良好的情况下进行。

母乳妈妈可以适当延后刻意瘦身的时间，合理的母乳喂养也是妈妈进行自然瘦身的方式之一。

Q8：月子里能洗澡吗?

A：我国传统观念认为产妇易受“风”，因此认为坐月子期间不能洗澡，怕受风受凉留下病根。

新妈妈产后汗腺很活跃，容易大量出汗，乳房还要淌奶水，恶露未净，新妈妈全身发黏，几种气味混在一起，身上的卫生状况很差，极容易让产妇心情焦虑。及时洗澡，才可使身上清洁并促进全身血液循环，加速新陈代谢，保持汗腺通畅，有利于体内代谢产物由汗液排出，还可以恢复体力，解除肌肉和神经疲劳。

一般产后一周可以洗澡、洗头，但最好擦浴或淋浴，不能洗盆浴，以免洗澡用过的脏水灌入生殖道而引起感染。洗澡时水温要保持在 45℃左右，浴后要立即擦干身体，穿好衣服，防止受凉。

月子中洗澡需要注意以下几点：

1. 如果产妇会阴部无伤口及切口，夏天在 2~3 天、冬天在 5~7 天即可淋浴。

2. 产后洗澡讲究“冬防寒、夏防暑、春秋防风”。在夏天，浴室温度保持常温即可，天冷时浴室宜暖和、避风。洗澡水温适宜，夏天也不可用较凉的水冲澡，以免恶露排出不畅，引起腹痛及日后月经不调、腰酸等。

3. 最好淋浴（可在家人帮助下），不宜盆浴，以免脏水进入阴道引起感染。如果产妇身体较虚弱，不能站立洗淋浴，可采取擦浴。

4. 每次洗澡的时间不宜过长，一般 5~10 分钟即可。

5. 冬天浴室温度也不宜过高，这样易使浴室里弥漫大量水蒸气，导致缺氧，使本来就较虚弱的产妇站立不稳。

6. 洗后尽快将身体上的水擦去，及时穿上御寒的衣服后再走出浴室，避免身体着凉。

7. 如果会阴伤口大或撕裂伤严重、腹部有刀口，需等伤口愈合再洗淋浴，可先做擦浴。

Q9：月子里能洗头吗?

A：分娩过程中，产妇会大量出汗，产后汗液更会增多，新妈妈的头皮和头发会变得很脏。这时若按照老规矩不洗头的话，不仅味道难闻，还可能引起细菌感染，并造成脱发、发丝断裂或分叉。因此，月子里只要新妈妈健康情况允许，就可正常洗头。

将药用酒精隔水温热，再以脱脂棉花蘸湿，将头发分开，前后左右擦拭头皮，稍用手按摩一下头部后，再用梳子将脏物刷落。妈妈们可以在每天中午时擦拭一次，再用软梳梳理头发，让头部气血畅通，保持脑部清新。

洗头时可用指腹按摩头皮，洗完后立即用吹风机吹干，避免受冷气吹袭。洗头时的水温要适宜，最好保持在37℃左右。不要使用刺激性太强的洗发用品。

新妈妈梳理头发最好用木梳或者牛角梳，避免产生静电刺激头皮。如果天气太冷或家里条件不适宜洗头，新妈妈可以用“产妇专用干洗液”清洁头发。

Q10：月子里能刷牙吗?

A：传统观念认为不能刷牙，否则会“倒牙”。现代人营养条件明显改善，食物种类丰富多样。假若不及时清理残留在牙齿表面和牙缝里的食物，很快会形成牙菌斑，菌斑中的细菌使残留的食物发酵产酸，腐蚀损坏牙齿。因此，产后必须正常漱口刷牙，早晚各一次。要用温水漱口，牙刷质地应柔软，这样既能保护牙龈，又不伤牙齿。

Q11：月子里可以穿短袖、短裤吗?

A：产妇坐月子时最好别穿短袖，因为身体还没有复原，抵抗力还不是很强，如果当时保养不好会累及以后的生活。如穿短袖，露在外面的胳膊或小腿吹了风容易引起风湿或者酸疼。为了以后能有个好身体，新妈妈们还是穿长袖忍一忍。可选择全棉或者莫代尔的面料，比较亲肤，妈妈们感觉会比较舒服。

Q12：坐月子不可碰冷水吗?

A：产妇身体虚弱，不可受凉的确是事实。无论中医说的“血不足，气也虚”，还是西医说的“身体毛孔张开，温度调节功能不好”，都印证了产妇不可以碰冷水。坐月子期间之所以要避凉，是因为产后气血不足，元气亏损，这时如果腠理（中医学上指的是皮肤、肌肉、脏腑的纹理，以及皮肤、肌肉间隙交接处的结缔组织）不密，风寒凉气容易入侵身体，造成气血运行不畅，甚至导致产后身体疼痛。

当然，如果有人说坐月子期间绝对不能碰凉水，那也多少有点反应过度。若只是偶尔碰碰凉水，并不会有太大的害处，但建议不能持续、频繁地使用凉水。如果必须亲自给宝宝洗衣服，建议用温水，同时注意站立时间不要太长，保证充足的休息，免得过于劳累。

Q13：月子里能看电视、上网吗?

A：看看电视、上上网，不仅可以舒缓产妇情绪，保持良好的心情，还能收集信息、开阔视野，有助于产妇日后重返职场。但是坐月子期间毕竟是特殊时期，产妇的眼睛不能过于疲劳，而且长时间坐着对腰也不好。前述也提到，生下宝宝后由于体内激素的变化，会出现眼花症状，看电视、读报纸都受影响，所以还是让眼睛多休息为佳。

坐月子后期如果要看电视或者上网、看书的话，需谨记以下几点：

1. 看电视的时间不要太长，以免眼睛过于疲劳。

2. 与电视机保持一定的距离，看电视时眼睛和电视屏幕的距离，需保持在电视机屏幕对角线长度的五倍，减少电磁波对产妇和宝宝的辐射。

3. 适当地控制看电视的时间，最好每天不超过一个小时，否则眼睛会很容易疲劳。看电视过程中，可适当地闭上眼睛休息一会，或站起来走动一下，以消除眼睛的疲劳。

4. 电视机摆放的高度要合适。

5. 不要看刺激性较强的节目，如一些惊险恐怖片或过于伤感的内容，以免扰乱产妇的情绪。

6. 看电视时声音不要太大，以免影响宝宝。

Q14：坐月子严禁流泪吗?

A：新妈妈想哭的原因很多，女性生来多愁善感，而因为分娩后体内激素的影响、自己身体的变化、小宝宝哺育过程中的问题以及未来的焦虑，还有家庭关注从孕妇转向小宝宝等，多种因素综合作用，使产妇在产褥期很容易心情不畅，特别想哭。

眼泪是情绪很好的宣泄物，有时也是精神压力的一个释放管道。在这种情况下，及时地诱导产妇将内心的忧伤、沮丧及悲伤排解出来，加以疏导和解释，可帮助产妇化解这种失衡状态。所以偶尔哭一场倒也无妨。但是坐月子时，产妇体内的激素尚在调整中，情绪容易起伏、低落，出现忧郁症的妈妈很多，如果常流泪，除了伤眼外还更伤神，所以尽量让自己保持愉悦的心情，面对新生活的开始。

Q15：产后多久“老朋友”到来?

A：产后什么时候恢复月经，每个人是不一样的。大部分产妇在母乳喂养期间不来月经，但也有来月经的。产后因为内分泌的影响，刚恢复月经可能会有不规律现象，慢慢会恢复正常。

产后月经的复潮与产后产妇是否哺乳、哺乳时间的长短、产妇的年龄及卵巢功能的恢复能力等相关。一般说来，不哺乳者，产妇通常在产后 6~10 周月经复潮，平均在产后 10 周左右恢复排卵。哺乳的产妇月经复潮延迟，有的在哺乳期月经一直不来潮，平均在产后 4~6 个月恢复排卵，产后较晚恢复月经者，首次月经来潮前多有排卵。

在月经未复潮前，排卵可能已经恢复，若有性生活，一定要做好避孕措施。

Q16：月经到来会影响母乳质量吗?

A：月经恢复不会影响母乳喂养，当月经来潮时，乳量一般会有所减少，乳汁中所含蛋白质及脂肪的质量也稍有变化，蛋白质的含量偏高些，脂肪的含量偏低些。可以在喂奶之前或者之后，给宝宝喝一些温的白开水。妈妈也要记得补铁，防止宝宝缺铁。这种乳汁有时会引起宝宝消化不良症状，但这是暂时的现象，待经期过后，就会恢复正常。因此无论是处在经期或经期后，都无须停止喂哺。

Q17：产后多久可以有性生活?

A：对于自然分娩而言，一般月子时间，也就是产褥期是 42 天，这段时间是子宫内膜的修复期，过了产褥期，如果产妇身体没有什么异常，理论上就可以同房。剖宫产最好在 3 个月后才同房，因为剖宫产有手术伤口，伤口恢复自然需要更多的时间，要同房必须要在剖宫产伤口愈合后才能进行。

有些人认为，妇女产后只要恶露干净了，夫妻就可以同房。其实，这种看法是错误的。产后恶露虽已干净，但子宫内的创面还没有完全愈合，分娩时的体力消耗也没有复原，抗病力差。若过早同房，则容易导致感染，发生阴道炎、子宫内膜炎、输卵管炎或月经不调等症。

Q18：产后性生活可以不避孕吗?

A：有些人认为，产后的一段时间没有月经，也就没有排卵，此时性生活不避孕也是安全的，这是完全错误的想法。

在孩子出生以后，妈妈就要进行哺乳，在哺乳的过程中，妈妈体内有一种催乳素，这种是由女性的垂体分泌的，这个催乳素就可以抑制卵巢的排卵，月经可能会暂时停止。但是排卵的生理现象是出现在月经来潮前的，因此，你不知道什么时候会排卵，不知道什么时候月经会恢复，因为这个时间的长短会因人而异，差别较大。应该说，任何时候发生性生活，没有做好避孕防护的话，都有可能怀孕。

Q19：怎样进行盆底肌恢复训练?

A：自然分娩会对阴道产生不同程度的伤害，一定程度上影响夫妻双方的性生活。然而，影响性生活的原因有很多，除了生理上的原因，夫妻双方心理上的调适也很重要，丈夫应对妻子体谅和包容。产妇只要注意产后的恢复锻炼，阴道是可以恢复到以前的水平的。

阴道本身有一定的修复功能，产后出现的扩张现象在产后 3 个月即可恢复。但是经过挤压撕裂，阴道中的肌肉难免会受到损伤，所以阴道弹性的恢复需要更长的时间。生产后妈妈可通过一些锻炼来加强弹性的恢复，促进阴道紧实，且在坐月子期间就应该开始。

1. 忍住小便

在小便的过程中，有意识地忍住小便几秒钟，中断排尿，稍停后再继续排尿。如此反复经过一段时间的锻炼后，就可以提高阴道周围肌肉的张力。

2. 提肛运动

在有便意的时候，忍住大便，并做提肛运动。经常反复，可以锻炼骨盆腔肌肉。

3. 收缩运动

仰卧并放松身体，将一个手指戴上避孕套，轻轻插入阴道后收缩阴道，夹紧阴道持续3秒钟后放松，重复几次，时间还可以逐渐加长。一般每次锻炼5~10分钟。

4. 其他运动

走路时有意识地要绷紧大腿内侧及会阴部肌肉后放松，以此重复练习，可以大大改善骨盆腔肌肉的张力和阴道周围肌肉，恢复阴道的弹性，对性生活会有所帮助。除了恢复性的锻炼外，产后妈妈还应该摄取必要的营养，才能保证肌肉的恢复。

5. 医院专业恢复

有一些医院或产后恢复中心也提供盆底肌的恢复训练，有需要的妈妈也可以进行咨询和检查，以确定自己是否需要。

盆底肌的恢复需要妈妈的配合，所以妈妈们不要懒于练习，一般来说，在产后3~4个月开始锻炼，一个月以后就可基本恢复。

Q20：什么是上环，上环后有什么注意事项？

A：“上环”是我国育龄期妇女最常用的长效避孕措施，往往一个环在体内放置的时间可达十余年。放环本身是一个小手术，但是在子宫腔内放进一个异物，需要有一个过程身体才能适应。

在一般的情况下，女性上环的最佳时期应在月经干净后3~7天内，此时子宫内膜较薄，正处于增殖期，上环造成的轻微损伤可很快修复。另外，此时宫口较紧，放后不易脱落。为避免感染，上环前一星期内不宜同房。

如果发生意外怀孕需做人流时，可在人流后立即上环。此时，人流、上环一次进行，既方便了妇女，又可减轻她们的心理负担。

若在分娩时，可以在产后42天做产后检查时放置。因为此时，子宫已基本恢复到怀孕前的正常大小，子宫颈口松，容易上环。同时，产后尚未恢复性生活，可以排除“暗孕”。

如果分娩方式采用剖宫产的话，那么，可以在剖宫产时放入。此时上环，可将环放入子宫的最佳位置，而且不增加病人痛苦和思想负担，还能避免产后发生“暗孕”。加上剖宫产时上环操作不经过阴道，剖宫产手术的本身无菌操作严格，所以不会发生感染。

做完上环手术后，要隔一个星期或者半个月才能同房，不然可能会导致宫颈炎的发生，而上环后还需要注意一些简单的事项，以免感染：

●术后休息2日，1周内不做重体力劳动；

●术后 2 周内避免房事和盆浴，保持清洁；

●放置后 3 个月内尤其在或大便时注意宫内器是否脱出；

●定期复查对保证宫内器的效果是很重要的。术后 1 个月、3 个月、6 个月及 12 个月各复查一次，以后每年复查一次，直到取出或停用，特殊情况随时就诊。

Q21：产后脱发怎么办?

A：产后脱发是指妇女在生产之后头发异常脱落。产后头发比较油，也容易掉发，需要合理清洗，不要使用太刺激的洗护用品。产后大量脱发是常见的，不必担心。产后的脱发大多是生理现象，在产后会自行恢复，不需要特殊治疗。如果脱发严重，可在医生的指导下，服用维生素 B_1、谷维素等。

1. 激素改变

怀孕时孕妇体内雌激素量增多，使妊娠期的头发成为一生中最健美的头发。一旦孩子降临，体内雌激素含量开始减少，体内激素的比例恢复到怀孕前的正常平衡状态。因之前激素增多而产生的那些秀发纷纷“退役”；与此同时，新的秀发又不能一下子生长出来。这种短期内“青黄不接”的情况，就形成了脱发。

2. 精神因素

精神因素与头发的关系很密切。有些家庭希望能生个男孩子，结果生了个女孩子，出于失望和压力，内心不悦；小宝宝通常是白天睡觉晚上哭闹，且可能会有黄疸、便秘等问题，导致妈妈的精神更加压抑，这种种负面情绪和沉重的心理负担会使毛发脱落。头发脱落又会成为新的精神刺激因素，如此恶性循环，脱发越来越多。

3. 营养不足

按理说产妇的营养应该是很丰富的，不会存在营养不足的问题。但是，有许多产妇怕坐了月子后会发胖，影响体形美，因而节食、挑食，加上哺乳期营养的需要量又比平时高，如果再遇上食欲不振、消化不良或者吸收差，使蛋白质、维生素、无机盐和微量元素缺乏，从而影响头发的正常生长与代谢而致脱发。

每天梳头发或者按摩头发也可以让头发得到改善。此外，可以服用一些补血的药物，加上调整激素的何首乌、覆盆子、地黄等，对头发的再生和防脱有很好的改善作用。

Q22：产后便秘怎么办？

A：很多妈妈都有产后便秘的情况，特别是剖宫产的妈妈，这种情况更为明显。这一方面是由于产前营养过多，未及时排出；另一方面由于妈妈们在分娩时损伤气血，肠道津血亏虚，大便失润，再加上哺乳使得身体水分流失过多，便秘自然就形成。

产后便秘可以喝蜂蜜水、滋补汤水，多吃一些水果，不过在哺乳期的妈妈，这些饮食都要适量。蜂蜜中含有一些宝宝不具抵抗力的细菌，可能引起宝宝肠胃紊乱，滋补汤水与水果也是交替食用。滋补汤水进食过于频繁，会让妈妈乳汁分泌过快，引发乳腺炎而无法哺乳。水果进食也有讲究，要多食性平或温的水果，性凉的水果尽量不要在此期间食用，一是避免影响妈妈们的恶露排出，二是保护宝宝的肠胃。

当便秘时要多喝水，补充体内津液，或是多做产后恢复操，促进气血流畅，增强肠蠕动。推荐两个小食谱，供妈妈们尝试：

1. 取黑芝麻、核桃仁各 60 克，先将芝麻、核桃仁捣碎，磨成糊状，煮熟后加入红糖，1 天内分 2 次服完，能润滑肠道，通利大便。

2. 用中药番泻叶 6 克，加红糖适量，开水浸泡，代茶频饮。

Q23：产后痔疮发了怎么办？

A：产后痔疮主要有两方面原因：一是由于妊娠期逐渐增大的胎儿及其附属物压迫，造成肛门局部的痔静脉回流障碍，分娩时孕妇较长时间的使劲向下用力，更促使了静脉瘀血。二是由于随着胎儿的娩出，胃、小肠、大肠恢复到正常位置，由于压迫因素的去除，肠蠕动变慢，产后活动少，腹壁松弛，又多进食少渣食物。产后如果痔疮发作，可以先通过以下方式进行调理，如果严重到影响正常的作息，要去专业医院接受治疗，千万不要用“扛”“拖”的方式，以免造成恶劣后果。

1. 早起喝水、适量活动

早起喝一杯温开水，帮助肠胃蠕动，保持大便通畅；适当做些运动，也可以用手对腹部进行环状按摩。

2. 少食辛辣、精细食物，多食粗纤维食物

一些妇女产后怕受寒，不论吃什么都加胡椒，这样很容易发生痔疮。同样，

过多吃鸡蛋等精细食物，可引起大便干结而量少，使粪便在肠道中停留时间较长，不但引起痔疮，而且对人体健康也不利。因此，产妇的食物一定要搭配芹菜、白菜等纤维素较多的食品，这样消化后的残渣较多，大便时易排出。

3. 早排便、早用开塞露

产后应尽快恢复产前的排便习惯。一般3日内一定要排一次大便，以防便秘；产后妇女，不论大便是否干燥，第一次排便可用开塞露润滑粪便，以免撕伤肛管皮肤而发生肛裂。

4. 加强肛门局部锻炼

避免久坐、久站、久行，加强局部锻炼，如多做些“提肛运动”，方法是：吸气时，肛门用力内吸上提，紧缩肛门，呼气时放松，每次肛门放松、紧缩30次，早晚各1次。

5. 保持肛门清洁

每次大便后清洗肛门，特别是腹泻，可用温水洗净。勤换内裤；不要用粗糙的手纸、废纸等擦拭肛门，避免感染。

2.2 饮食习惯

Q1：月子里食欲不好怎么办?

A：新妈妈产后食欲不好无须担心，不用强迫自己硬吃，注意喝一些汤，保证母乳的供应量，也可以吃一点引起自己食欲的东西，吃不下的时候饿一饿，并保持一个好的心情，很快食欲就会恢复。妈妈们在月子期间不要做强迫自己的事情，长辈们也不要催促妈妈多吃东西补充营养，多照顾妈妈的情绪，不要说“你不吃孩子要吃”之类的话，产后食欲不振的妈妈多半也是情绪低落的妈妈，任何不适当的言语都有可能引起妈妈的反感情绪，以致恶性循环，食欲持续不佳。

Q2：生化汤什么时候喝?

A：生化汤对子宫有重要的作用，不仅能增强子宫平滑肌收缩，影响子宫组织形态，甚至还具有抗血栓形成、补血、抗炎及镇痛作用。生化汤最早源于隋朝的钱氏生化汤，组成只有川芎、当归、黑姜、炙草、桃仁五味药，其目的为养血活血，产后补血、祛恶露。而后衍生出其他版本，组成多为这五味药再加上其他中药材，应根据妈妈的体质来判断是否适合吃加味的生化汤。在西医角度，不论自然产还是剖宫产，在产后前3天会视子宫收缩情况，给予帮助子宫收缩的药物及子宫按摩。

因此，生化汤在产后无血崩或伤口感染情况下，可在西药停用后开始服用。

Q3：坐月子上火吃什么？

A：如果妈妈在月子期间上火，可以吃一些清热的食物。

1. 多食蔬菜

白菜可以清热除烦，利大小便；芹菜能去肝火，解肺胃郁热，常食有益；莴笋清热，顺气，化痰；茭白清热解毒，适合心经有火、心烦口渴、便干尿黄的妈妈食用；莲藕清热生津，润肺止咳；百合清热润肺，止咳，可以缓解妈妈咽喉肿痛，心烦口渴。

2. 适量食用绿豆

喝些绿豆汤或绿豆稀饭，能清凉解毒，清热解烦，对脾气暴躁、心烦意乱的人最为适宜，但哺乳妈妈要适量食用，以免减少乳量。

3. 水果能清热排火

苹果、桃、香蕉等可以起到清热排火的作用；杨桃清热生津，内火炽盛、口腔溃疡破烂的妈妈最适合吃。

Q4：坐月子是否要多吃鸡蛋？

A：产妇分娩后适当增加营养有其必要性，但有部分人总认为多吃鸡蛋有助营养，体力恢复快，一日三餐便都以鸡蛋为主食。其实这样的饮食方法并不适当，鸡蛋虽富有营养，但糖类和维生素 C 相对缺乏。产后两三天内，因体力消耗过多，消化功能不佳，每天吃过多的鸡蛋会增加肠道的负担，影响其他营养物的消化和吸收。再者，身体用过多蛋白质充当营养，会产生大量的硫化氢、组织胺等有毒物质，容易引起腹胀、食欲减退、头晕及疲倦等现象。

因此，坐月子不必勉强吃过多的鸡蛋，应搭配其他容易消化的食物，使食谱多样化，这样会更快地恢复健康。一般来说，产妇每天吃 1~2 个鸡蛋就足够了。

Q5：坐月子是否要大量喝水？

A：因地域不同，坐月子时吃的东西也有差异，如广东地区喜欢喝补汤、北方人坐月子则喜欢用甜酒酿。坐月子期间建议妈妈们少喝水，防止过分水肿。

孕妇到了怀孕末期，身体里就比怀孕前多 40% 的水分，大约要到产后一段时间才可将身体里多余水分全部代谢出去。通常产后会有一段利尿期，容易流汗及多尿，以此排泄多余水分。若产妇水肿厉害，医生会通过生化汤帮助产妇排泄水分，并也会要求产妇多吃山药、薏仁或四神汤来利水。

如果妈妈觉得口渴，可将荔枝壳洗干净，煮水当茶喝。台湾地区则是以米酒水（将米酒煮开后蒸发掉酒精剩下来的水，也称为“坐月子水”）来代替，并在坐月子期间，将所有食物都用“米酒水”“坐月子水”去煮。

一般新妈妈在怀孕末期都会有水肿现象，而产后坐月子正是身体恢复的黄金时期，这段时间要让身体积聚的所有水分尽量排出，如果又喝进许多水，将不利于身体恢复。

Q6：坐月子能喝茶吗？

A：坐月子是不能喝茶的，因茶本身凉性，对刚生产完的妇女来说是不适合的。另外，茶叶中含有的高浓度鞣酸会被黏膜吸收，进而影响乳腺的血液循环，抑制乳汁的分泌，造成奶水分泌不足。再者，茶水中还有咖啡因成分，将会通过母乳喂养，对宝宝发育造成影响。用姜、枸杞、红枣、桂圆、杏仁等配上黑糖煮成茶，可补血，增强免疫力，促进血液循环，可以作为代替茶的好饮品。

Q7：月子里能喝酸奶吗？

A：酸奶一般是需要冷藏的，一般不建议妈妈喝，如果实在想喝的话，可以用温水烫一下。

Q8：坐月子能喝蜂蜜吗？

A：月子期间最好不要喝，虽然蜂蜜可以缓解便秘，但是蜂蜜在酿造时，蜜蜂身体会接触到花蜜，同时也会接触到花朵或者土壤中的各种病毒或细菌。当这些细菌通过母乳传给宝宝时，宝宝会全盘吸收，且有可能因为抵抗力低而受到伤害。目前市面上很多蜂蜜都掺有果葡糖浆和蔗糖，这么高的糖分会让宝宝有饱腹感，无法进食乳品。长此下去，外有病菌侵袭，内无营养吸收，宝宝会出现生长缓慢的情况。

Q9：坐月子能喝豆浆吗？

A：可以喝，豆浆可以下奶，而且含丰富蛋白质和高量的钙，但是如果妈妈的肠胃不是很好，要少喝，豆浆容易胀气。

Q10：坐月子能吃姜吗?

A：姜性热，但是刺激性强，做菜炖汤时可以加入姜调味去腥，少量食用有利体质复原。另外，姜水洗浴还可以防风湿头痛。

Q11：坐月子能吃海鲜吗?

A：只要海鲜不是性寒类的，是可以吃的，但一次量不要太多。吃海鲜可以增加碘的含量，但是月子里饮食一定要注意量的控制。

Q12：坐月子能吃香蕉吗?

A：香蕉有润肠通便的效果，如果有一些便秘，效果还是很好的，但是也不要过量食用。

Q13：月子里蔬菜、水果有忌口吗?

A：老一辈的人会在月子里定下许多“规矩”，比如不能吃生冷食物就是其中的一条，否则以后经常会牙痛，所以又生又冷的水果也就一并被拒之口外了。由于蔬菜大多是煮熟了吃，像维生素C这种水溶性维生素，当蔬菜煮熟后基本就无法保存而流失，水果就成为补充维生素和矿物质的重要途径，而水果若去煮一下，不仅影响口感，也会失去本来的营养元素。

产妇分娩后的几天身体比较虚弱，胃肠道功能未恢复，可以不吃寒性的水果，如西瓜、梨等，但过了这几天后，水果还是要吃的。牙齿不好是因为以前月子里不主张刷牙，引起口腔问题，其实和水果完全没有任何关系，所以聪明的妈妈们，在看过此书后，月子里千万不要放弃营养丰富的水果。

Q14：产后多喝红糖水对新妈妈好吗?

A：红糖营养丰富，释放能量快，营养吸收利用率高，具有温补性质。新妈妈分娩后，由于丧失了一些血液，身体虚弱，需要大量快速补充铁、钙、锰、锌等微量元素和蛋白质。红糖还含有“益母草”成分，可以促进子宫收缩，排出产后宫腔内瘀血，促使子宫早日复原。

红糖还有利尿和活血化瘀的作用，有利于防治产后发生尿潴留现象。对于精力和体力消耗非常大并失血的新妈妈，产后第一餐服用红糖水可以滋养补虚，帮助子宫复原与恶露的排出，且兼具补血的功效。

尽管如此，红糖水也不可饮用过多，红糖本身具有活血功能，食用量大会不断增加产妇阴道出血的症状。过多饮用红糖水，不仅会损坏新妈妈的牙齿，而且红糖性温，如果新妈妈在夏季过多喝了红糖水，必定加速出汗，使身体更加虚弱，甚至中暑。

Q15：月子里为什么不宜吃巧克力?

A：有些产妇很喜欢吃巧克力，以为生完宝贝之后就可以毫无顾忌地吃。而研究表明，给新生儿喂奶的妈妈，如果过多食用巧克力，不仅会抑制乳汁的分泌，还会对婴儿的生长发育产生不良影响。因为巧克力中所含的可可碱能够进入母乳，通过哺乳被婴儿吸收并蓄积在体内。久而久之，可可碱会损伤婴儿的神经系统和心脏，并使肌肉松弛，排尿量增加，导致婴儿消化不良，睡觉不稳，爱哭闹。

Q16：坐月子为什么要忌吃味精?

A：为了婴儿不出现缺锌症，新妈妈应忌吃过量味精。一般而言，成人吃味精是无害的，如果哺乳期间的妈妈在摄入高蛋白饮食的同时，又食用过量味精，对婴儿，特别是12周内的婴儿，则不利。因为味精内的谷氨酸钠会通过乳汁进入婴儿体内，它能与婴儿血液中的锌发生特异性的结合，生成不能被机体吸收的谷氨酸，而锌却随尿排出，从而导致婴儿锌的缺乏，婴儿不仅易出现味觉差、厌食，而且还可造成智力减退，生长发育迟缓等不良后果。

Q17：月子里就要完全忌食盐吗?

A：月子期间，掌握“低盐”原则，摄取适量的盐没有关系，而且还可提高妈妈的食欲。若摄取过量，钠会吸附水分，造成滞留，加重水肿，容易造成肾脏的负担、体内电解质不平衡，尤其是有些产妇原本就有高血压、肾脏病，或在怀孕时出现妊娠高血压等，故有这类困扰的新妈妈，在盐分的摄取上就得严格控制。

Q18：坐月子为什么忌食辛辣燥热的食物?

A：产后新妈妈大量失血、出汗加之组织间液也较多地进入血循环，故机体阴津明显不足，而辛辣燥热食物均会伤津耗液，使新妈妈上火，口舌生疮，大便秘结或痔疮发作，而且会通过乳汁使婴儿内热加重。因此新妈妈忌食韭菜、葱、大蒜、辣椒、胡椒、小茴香、酒等。

Q19：产后要立即吃老母鸡吗？

A：分娩是一项极其艰巨、消耗极大的事情，分娩结束后，妈妈会有一种虚脱的感觉。在生产完之后几天，常会一阵阵地出汗，这就是体虚的最明显表现。老母鸡在中国人的观念中，一直被认为是补身体的最佳食材，以前的人会在月子前准备好老母鸡，供产妇在月内食用。

实际上，老母鸡里含有丰富的雌激素，分娩后产妇体内的雌激素会下降，催乳素上升，才会有乳汁分泌。如果雌激素居高不下，会抑制催乳素的分泌，对要哺育宝宝的产妇来说是不适合的。分娩 2 周以后，产妇体内的激素才会比较平稳，乳汁通畅，此时才可以吃些老母鸡汤。生产后 2 周内如果要吃鸡，可以先吃乌骨鸡、童子鸡。

Q20：新妈妈是不是要专吃母鸡不吃公鸡？

A：由于现在鸡肉内所含的激素比较多，当生产完时，本来体内的雌激素分泌就比较紊乱，所以食用以散养或家养的鸡比较好。另一方面，母鸡体内本身含有大量的雌激素，当产妇大量食用后，就会导致体内的雌激素大幅度提高，让泌乳功能减弱甚至消失。

与母鸡相比，公鸡更加有利于母婴的身体健康。原因在于公鸡体内含有的雄激素能够有效对抗雌激素，促进乳汁增多，对婴儿的身体健康有很大的作用。

Q21：喝汤就不必吃肉吗？

A：产妇只喝汤不吃肉的饮食习俗，在我国各地民间流传甚广。民间传统认为，经过炖煮的肉类营养大大降低，营养全在汤里，产妇喝了汤不仅容易消化，还会被人体所吸收，有利于母乳分泌。事实上，这种观点既不符合营养学的基本原理，又不能达到饮食调养的基本要求。

所谓的肉汤，从广义上讲，应包括鸡汤、排骨汤、鱼汤、牛肉汤、羊肉汤及各种菜肴类汤品等。现代营养学研究认为，肉汤不仅味鲜，更含有丰富的营养，且具有刺激食欲、催奶的保健作用。然而，需要指出的是，肉汤虽好，其所具备的营养并不全面。肉汤中富含脂肪，大部分蛋白质还存留在肉类里。

产妇饮食调养的基本要求有两点，一是营养要丰富，摄入量要充足；二是品种要多样，营养要全面，做到相互补充。因此在月子期间，产妇光喝汤不吃肉会使营养摄取不全面，不利于身体的康复，应加以纠正。

Q22：坐月子为什么要吃麻油?

A：麻油可以帮助子宫收缩，排除恶露，但因为比较燥热，所以建议产后1周后才吃麻油料理的食物，如麻油炒猪肝、猪腰、猪血糕、红凤菜、苋菜、川七叶及地瓜叶等，且麻油与酒皆宜少量。伤口若有红肿疼痛时，禁止吃麻油。

喝完生化汤后，才是开始吃麻油鸡的时机，此时子宫内膜已经重建，伤口（自然生产的会阴伤口、剖腹生产的伤口）也大多愈合完全，麻油、酒才可以开始使用。不喝生化汤者，也差不多是在生产完两周后开始吃麻油鸡。

Q23：产后是否需要大补?

A：有些新妈妈因觉得生产完大失元气，所以产后急于服用大补的食物，想将身子的元气赶快补回来。其实新妈妈急于大补身子是有害无益的。

大补的药物或食物，多数促进血液循环，加速血的流动。这对刚刚生完孩子的新妈妈十分不利。因为分娩过程中，内外生殖器的血管多有损伤，服用后有可能影响受损血管的自行愈合，造成流血不止，甚至大出血。因此，新妈妈在生完孩子的一个星期之内，不要进行大补，分娩7天以后，新妈妈的伤口基本愈合，此时服点补气血的食物，有助于新妈妈的体力恢复。但也不可服用过多。

新妈妈食用多种多样的食物来补充营养是最好的办法。

第3篇

产后怎么吃才健康?

第3篇

产后怎么吃才健康？

3.1 解开属于您的身体密码

常听老人家这么说：“经期间不能吃冰，怀孕时不能吃薏仁，筋骨酸痛不能吃香蕉，服用中药不能吃白萝卜等”，然而这些广为流传的观念，并非完全正确。根据传统汉方药学，依每个人“寒、热、虚、实”的体质差异，找出最适合自己的进补方法，才是正确的一个方式。若误信“偏方”吃太多不该吃的食物，可能会补出问题；反之，因害怕触碰“禁忌”而过度忌口，也易造成营养不均衡，错失产后调节体质的好机会。人体不同的体质特性和食补要领见下表。

	寒性体质	热性体质	中性体质
体质特性	● 脸色苍白 ● 容易疲倦 ● 四肢容易冰冷 ● 大便稀软 ● 尿频量多、色淡 ● 头晕无力 ● 容易感冒 ● 舌苔白、舌淡白 ● 喜欢喝热饮	● 脸红目赤 ● 身体燥热 ● 容易口渴 ● 容易嘴破 ● 舌苔黄、舌质红赤 ● 便秘、痔疮 ● 尿量少、色黄，有臭味 ● 容易长青春痘 ● 心情易烦躁	● 不寒凉、不燥热 ● 食欲正常 ● 舌头红润 ● 舌苔淡
食补要领	● 适合以温补的食物或药膳，促进血液循环 ● 可以多吃榴莲、黑枣、释迦、樱桃 ● 烹饪方式应该避免太过油腻，以免造成肠胃的不适	● 减少酒、麻油、老姜的用量 ● 不宜食用荔枝、橄榄、芒果 ● 平常可吃柳橙、草莓、葡萄、枇杷等水果，以及丝瓜、莲藕、绿色蔬菜、豆腐等食材	● 饮食搭配上较具弹性，可采食补与药补交替食用 ● 若出现口干、嘴破、长痘的症状，则建议多用食补，暂停药补

高血压患者：口味不能太重，避免高盐、高胆固醇的食物，动物内脏、牛肉、深海鱼类等食材要控制食用量。

糖尿病患者：少量多餐，产妇需摄取足够热量，但仍需控制淀粉与糖分的摄取量，减少单糖及双糖食物，少喝太白粉[1]水勾芡的浓汤与含酒精的食物。

[1] 太白粉：生的马铃薯淀粉。

甲状腺亢进患者：回避燥热食物与酒类，麻油、米、酒与深海鱼类不宜多吃；并且使用不含碘的盐烹调。

3.2 饮食调养

总的原则是，产后的营养需求比妊娠期还高，努力做到饭菜的高质量，食物品种多样化，软烂可口，并多吃些汤菜，做到干稀搭配、荤素搭配。

3.2.1 哪些食物要多吃

1. 供给充足的优质蛋白质

一般来说，优质蛋白质的最主要来源是动物性食品，如鱼类、禽、肉等，另外，大豆类食品也可为身体提供丰富的蛋白质和钙质。

2. 多食含钙丰富的食品

牛奶、酸奶、奶粉或奶酪的含钙量都是相当丰富的，而且还易于人体吸收和利用。而小鱼、小虾、虾皮、深绿色蔬菜、豆类等也可提供一定数量的钙质。

3. 多食含铁丰富的食品

众所周知，铁是构成血红蛋白的主要成分，补铁就等于是补血，富含铁元素的食品有：动物肝脏、肉类、鱼类、油菜、菠菜、大豆及其制品等。

月子期间，产妇的饮食应做到少量多餐，一般以每日 4~5 餐为宜。食物方面，也应粗细搭配着吃，荤素搭配着吃，但脂肪的摄入一定要偏低，否则会降低乳汁的营养。此外，要多吃些液体食物。而在烹调方式的选择方面，动物性食品应多以煮或煨为主，烹调蔬菜时，注意尽量减少维 C 等水溶性维生素的损失。

3.2.2 哪些食物要少吃甚至不吃

1. 少吃生冷及凉性食物

按照中医的说法，产后的妈妈体质较虚寒，生冷食物有损脾胃，影响消化机能，瘀血滞留，容易腹痛，因此还是需要温补，用温热的食物协助妈妈将体内的寒气驱出体外，同时达到保暖作用，以利气血恢复。

提醒妈妈们，食物要趁着温热时食用，例如酸奶，要么不吃，如果想吃的话也要放热水里温一下。另外，尽可能不要吃存放时间较长的剩饭菜，食物一定要煮熟，未煮熟的食物往往不易消化，这对脾胃功能较差的产妇（特别是分娩后 7~10 天内的产妇）来说是负担，很可能引起消化功能不良。生冷食品未经高温消毒，可能带有细菌，进食后导致产妇患肠胃炎。另外，为了保证食品的卫生和食物易于消化，可不吃或少吃凉拌菜和冷荤菜。

水果有促进食欲、帮助消化与排泄的作用，但偏冷性的果菜最好避免。一般在室内放置的水果，不会凉到刺激消化器官而影响健康的程度，在产后一个月应多吃一些易消化的新鲜时令水果，以增加营养及补充维生素。在夏季坐月子时可吃些适宜消暑的饮食，产妇出汗多、口渴时，可以食用绿豆汤、西红柿，也可吃些水分多的水果消暑，不用盲目忌口，以避免产褥中暑，导致脾胃消化吸收功能障碍，并且不利于恶露的排出和瘀血的去除。

2. 少吃油腻或黏腻食物

因为生产后的肠胃功能尚未恢复，仍属虚弱状况，油腻黏滞食物最好避而远之，例如粽子、糯米糕，肥肉等动物性脂肪，牛油、猪油、鸡油等动物油也不适宜。

3. 少吃酸味或粗糙坚硬食物

因为妈妈在坐月子期间体质虚弱，多吃这类食物容易损齿、损筋，对妈妈的身体不利。

4. 避免过咸食物

为了利于产妇体内水分的排出，防水肿，建议采用“低钠”饮食，在饮食中尽量不要有加工的腌渍物及盐分。依中医的观点，因怀孕时体内会积存水分，在产后坐月子期间会慢慢地将水分排出体外。人体水分排出必须靠肾脏，过多的盐会造成身体肾脏的负担，而且太咸容易回奶，抑制乳汁分泌。

盐分较多的食物：味精、渍物、味噌、腌萝卜、白菜渍的泡菜、咸菜、酸菜及梅干菜等。

坐月子应忌口的食物

忌口食物类型	产后忌口食物
凉性水果类	柿子、梨、柚子、葡萄柚、西瓜
凉性蔬菜类	白萝卜、芹菜、莲藕、南瓜、油菜、绿豆、豆芽菜、黄瓜、苦瓜、冬瓜、竹笋、大白菜、腌黄瓜
凉性食物	螃蟹、蚌肉、田螺
刺激性食物	调味料：芥末、沙茶 料理方式：腌渍、油炸、烧烤食物
冰品	任何冰的食物和饮料
酸味食物	酸梅、柚子、青橄榄、李子

（续表）

忌口食物类型	产后忌口食物
坚硬食物	瓜子、牛肉干、小核桃
黏滞食物	粽子、糯米糕

3.3 坐月子常用药材和食材

坐月子常用药材

药材名	滋补功效
人参	具有改善元气不足、食欲不振、血虚、营养不良、贫血等功效
白朮	补气健脾，燥湿利水
生地黄	清热凉血，养阴生津
熟地黄	治疗产后腰膝酸软、阴虚血少、尿频等
石斛	养阴清热，滋胃生津
冬虫夏草	补产后虚损，益精气，强化免疫力，延缓衰老
杜仲	补肝肾，强筋骨
西洋参	治虚热烦倦，改善产后精神不清、疲劳体虚
枣	富含维生素，具有养颜美容的功效，可改善产后妇女气色
枸杞	治疗妇女产后腰膝酸软、头晕目眩、疲倦乏力、疲劳发热等症状
茯苓	具有利水渗湿、健脾补中、宁心安神的功效
龙眼肉	改善产后气血不足、体虚乏力、营养不良等问题；补益心脾，养血安神；用于气血不足、心悸怔忡、健忘失眠、血虚萎黄
山药	益气养阴，补脾养胃
黄芪	温补养身、提升免疫力，治疗脾胃虚弱
当归	补血，活血
党参	改善产后疲倦无力、食少口渴等症状
薏苡仁	健脾，补肺，清热，利湿；治泄泻、湿痹、筋脉拘挛、屈伸不利、水肿
山楂	主治饮食积滞、脘腹胀痛、泄泻痢疾、血瘀痛经闭经、产后腹痛、恶露不尽

（续表）

药材名	滋补功效
决明子	用于目赤涩痛、羞明多泪、头痛眩晕、大便秘结
百合	具有养心安神、润肺止咳的功效，对病后虚弱的人非常有益
阿胶	补血，止血，滋阴润燥
荷叶	主治暑热烦渴、头痛眩晕、水肿、食少腹胀、产后恶露不净、损伤瘀血
莲子	清心醒脾，补脾止泻，养心安神明目，健脾补胃，滋补元气

坐月子必吃的食材

食材名	滋补功效
紫米	补血养身，促进乳汁分泌
杏仁	改善便秘，润肠通便
黑芝麻	补肝肾，益精血，润肠燥，可以改善头晕眼花、耳鸣耳聋、脱发等症状
老姜	改善产后虚，去寒
黑麻油	麻油性属温热，可避免产妇便秘，也可去寒，补虚劳，养五脏，改善产后虚
红豆	补充气血，预防便秘
乌骨鸡	补充元气、提升母乳质量，可补虚劳，益产妇，改善一切虚损诸病
猪肝	猪肝可以帮助子宫排出污血及老废物，促进子宫收缩，使恶露排净，恢复子宫正常功能，产后妇女不可不吃
牡蛎	稳定情绪、抗老防衰
猪腰	帮助产妇促进新陈代谢，恢复体力，预防产后腰酸背痛

3.4 聪明规划月子餐

“产前凉补，产后热补”是产妇食补的要诀，由于生产时消耗很多体力，造成产妇体质偏寒，再加上哺乳的需要，所以建议产妇摄取热性食物及适量含蛋白质较多的食物、甜食、姜和酒以促进内脏机能活动，保暖身体，预防产后的胃下垂、贫血、腹肌松弛，保护肌肤及维持正常体态。不过任何食物过与不及都不好，本书提供兼顾了上述种种要点，能吃出窈窕健康的月子餐，给妈妈们参考。

月子餐每周食补调理重点

	进补重点	需补充食材及其功能		备注
第一周	排除恶露，消除水肿，补充元气，强健脾胃，促进伤口愈合，恢复子宫机能，预防便秘	猪肝：补血 瘦肉：补血 深色蔬菜：补血，通便 薏仁：消水肿	木瓜：生津，通便 姜：活血 山药：健脾胃	苦瓜、冬瓜、空心菜、西瓜、香瓜等属寒凉的蔬果，有碍子宫机能的恢复，此期应忌口
第二周	补血，滋阴，促进乳汁分泌，强化筋骨，润肠通便，恢复体力，调节免疫力	葡萄：补气血，强筋骨，利尿 花生：补充营养，补血 黄豆：补脾，促进乳汁分泌	山药：健脾胃 鱼肉：通乳	哺乳妈妈除了将花生、猪蹄、鸡肉、鲤鱼、木瓜等有助于乳汁分泌的食材应用于菜色里，还应注意水分的补充
第三周	补筋骨，强腰膝，清火，润肺，安心神，补气，养血，调理体质	腰花：强腰膝，止疼痛 麻油：滋养身体及皮肤，促进子宫收缩 海鲜类：补充优质蛋白质 菇类：补肝肾，促进新陈代谢	绿叶蔬菜：补充维生素 莲藕：安心神，稳定情绪 杜仲：补腰膝，强筋骨 何首乌：补肾强肝	减少热量的摄取，选择低脂食物，增加蔬果及海鲜类食物
第四周	减重，塑身，退乳，强化体能，双补气血，预防老化，后遗症的调理	十全、四物：补养气血，调整体重 韭菜：退乳，通便 麦芽：退乳 参类：补气，帮助脾胃吸收，提升免疫力（高丽参有退奶功效）	黄芪：利尿，补气 菇类：促进代谢，补充纤维素，强化肝肾功能 绿叶蔬菜：补充维生素、纤维素	麦芽、韭菜、人参能帮助退乳，非哺乳妈妈不妨善加利用，以改善涨奶的不适

[第一周：补血，去恶露，促进子宫收缩]

经历怀孕时期的生理变化，以及分娩过程的气血消耗，坐月子是女性饮食调理健康的最佳时期，尤其产后第一周是产后恢复的关键时刻，宜通过补气、补血、营养均衡的适当食谱，强化身体的修复能力，预防产后各种后遗症的发生。

食补重点

- 养血补血
- 去除恶露
- 活血化瘀
- 促进血气恢复
- 增强体力
- 帮助伤口愈合
- 促进子宫收缩
- 利水消肿

饮食原则

- 营养均衡
- 吃开胃、清淡的食物
- 适量饮水
- 宜食易消化的食物
- 少量多餐
- 细嚼慢咽
- 掌握“低盐”原则
- 忌食生冷食物
- 适时补充蔬果

1. 选择易消化、清淡又开胃的食物

太过油腻的饮食，会造成肠胃负担，宜选择营养、开胃、清淡的食物，不仅好消化，也可提振产妇食欲。

2. 掌握“低盐”原则，多吃利尿食物

应避免过咸、烟熏、腌渍的食物，因盐分摄取过多，会造成体内水分滞留，加重产妇水肿症状。也可多吃红豆、薏仁等利尿食物，排除多余水分。

3. 营养均衡为首要，适量饮水不可少

产后首周应多元摄取各种营养，蛋白质、矿物质、维生素都不可少，以弥补生产所消耗的能量；并应适量饮水，以利身体复原和促进乳汁分泌。

Tips：

1. 坐月子是女性产后调理体质的黄金期，因此产后的补身，不仅限于营养的补充，而且应依照产妇“体质”滋补，选择“合宜”的饮食调养方式，才能真正达到“坐月子，养身子”的目的。

2. 现代人营养无虞，一味进补或大量摄取单一食物已不合时宜。调理重点应在于调理体质，而非增加脂肪，造成身体负担。

3. 产后第一周，对于活动量少，肠胃蠕动差的产妇而言，宜吃刺激性较弱的温和食材，不仅容易吸收，也不易对牙齿造成损害，坚硬、酸性食物应忌食。

第一周建议食谱

养生饮品	补气主食	营养主菜	高纤蔬食	调养炖品	甜汤（点）	饮品
★生化汤（产后4~8日）	阿胶紫米粥	韭黄炒鳝片	枸杞卷心菜	★四物乌鸡	★甜薯芝麻糊	★黑糖枸杞姜茶
养肝茶	★北海干贝粥	★姜黄猪肝	★鲜茄什锦菇	元蹄炖鸡汤	薏仁莲子汤	冬虫夏草养生茶
	大薏仁糯米粥	竹笋烩海参	菠菜炒猪肝	★大枣养肾牛肉汤	★莲子红豆紫米粥	牛蒡姜茶
	★红枣薏仁粥	绿花椰炒鲜干贝	干贝蒜香甜豆荚	川七乌鸡汤	奶酪蛋糕	★玫瑰四物茶
	百合莲子粥	★药膳虾	★菠菜炒豆皮	补血益气梅花猪肉汤	枣泥核桃糕	
	★桂圆糯米粥	栗子烧鸡	木耳炒卷心菜	补气牛尾骨	山药红豆汤	
	玉米鸡茸粥	土豆南瓜烧鸡肉	甜豆烩里脊	★黑豆炖排骨		

注：“★”料理有制作方法。

特别提示

1. 月子餐不加盐为佳，但是经过长期的反馈，目前新妈妈们普遍很难接受无盐料理，因此本书中的料理建议加入少量盐（日常减半或更少）进行调味。

2. 台湾月子餐中大都为饮品、粥类、炖品，习惯用内外两层蒸煮电锅来烹制，主因产妇体虚，不宜吃生冷及上火食物。这种料理方式操作简单，蒸煮的食物好吃，且不易使人上火。

3. 如果用一般锅在燃气灶台上进行蒸煮，用水量是蒸煮电锅内锅水与外锅水的总量。

4. 本书提供两种不同形式的料理方式进行蒸煮，供读者参考。

养生饮品

生化汤

材料：

当归20克、川穹8克、桃仁3克、炮姜3克、炙甘草5克

做法：

1. 将所有药材加清水800毫升，以小火熬煮30分钟。
2. 过滤后，将汤汁分早晚两次或多次服用。

功效：

具有活血、祛瘀、排除恶露、温暖子宫、帮助子宫收缩的效用。约在产后4~8日服用，一日约饮300毫升，可分多次饮用。特别注意，应在停用医院开的子宫收缩药后，再开始服用。

补气主食

北海干贝粥

材料：

糙米 100 克、糯米 50 克、干贝 20 克

调味料：

盐少许

做法：

1. 糯米洗净，糙米泡 1 小时，干贝泡软撕成细丝。
2. 将以上食材放入锅中加清水 800 毫升，大火煮滚改小火，熬煮至软烂。
3. 加盐调匀。

功效：

干贝和糙米富含蛋白质和维生素，营养价值高，可滋补身体，达到消除疲劳及增进产妇食欲的效果。

红枣薏仁粥

材料：

薏仁 200 克、红枣 5 颗

调味料：

冰糖（盐）适量

做法：

1. 薏仁洗净后，将薏仁和红枣放入电锅内，加清水 600 毫升，外锅加清水 200 毫升，泡 3 小时再按下按键，直到按键跳起后，续焖 10 分钟。
2. 食用前加入冰糖或盐调味即可（甜、咸口味依个人的喜好而定）。

功效：

红枣补血，能达到气血双补、排毒的效果。

补气主食

桂圆糯米粥

材料：

桂圆 100 克、圆糯米 100 克、老姜（连皮）4 片

调味料：

红糖、冰糖适量

做法：

1. 桂圆以温水浸泡至软。
2. 将圆糯米洗净后，放入锅内，注入清水 800 毫升，熬煮约 20 分钟至熟。
3. 加入老姜、桂圆、红糖、冰糖，续煮约 10 分钟。
4. 去除老姜，即可食用。

功效：

在产后食用这道甜点，能够补血、润心脾、化瘀血及补充生产期耗损的元气，注意的是要将糯米完全煮至熟透后，才可加入糖和桂圆等食材。

营养主菜

姜黄猪肝

材料:

猪肝 200 克、枸杞少许、老姜 8 片

调味料:

盐少许

做法:

1. 枸杞泡水。
2. 锅烧热,开大火放入老姜爆香至变黄,加入 200 毫升清水以大火煮至沸腾。
3. 将猪肝切片放入锅中,续以大火再度煮沸腾时起锅。
4. 撒上已泡软的枸杞点缀即可。

功效:

猪肝补血养肝、明目,含有丰富的铁质;姜有暖胃、促进血液循环的功能。此道料理能助破除污血,排除恶露,利水消肿,是产妇最佳的调理食补主菜之一。

药膳虾

材料:

草虾 10 只(约 200 克)、老姜 3 片、枸杞 5 克、当归 10 克、川芎 8 克

调味料:

米酒半瓶,盐少许

做法:

1. 所有材料洗净,草虾去肠泥。
2. 清水 200 毫升倒入锅中,放枸杞、当归、川芎和姜片大火煮 10 分钟,捞出渣滓。
3. 米酒和草虾放入锅中,大火煮至虾变色,最后放盐调味。

功效:

草虾含有丰富的蛋白质,可增加乳汁分泌;当归、川芎可促进血液循环;枸杞可预防肝肾阴虚,有保肝及增强免疫力的作用。

鲜茄什锦菇

材料：

鲜香菇2朵、草菇3朵、杏鲍菇2朵、西红柿1个

调味料：

酱油、香油、橄榄油适量，盐少许

做法：

1. 所有菇类洗净、沥干、切条，西红柿去皮切碎。
2. 炒锅倒入橄榄油，加西红柿炒香。
3. 最后加入杏鲍菇、草菇、鲜香菇、盐、香油及清水30毫升炒熟即可。

功效：

西红柿及菇类含蛋白质、维生素和矿物质，有理气健胃、润肠通便、提升免疫力的作用。

菠菜炒豆皮

材料：

菠菜250克、豆皮60克、姜30克

调味料：

橄榄油适量，盐少许

做法：

1. 所有食材洗净、沥干，菠菜切断，豆皮切条，姜切丝。
2. 加热油锅，炒香姜丝。
3. 加豆皮略炒，再加菠菜略炒。
4. 加入少许盐炒匀即可。

功效：

菠菜富含膳食纤维及造血元素铁，豆皮含丰富蛋白质、多种维生素，能够协助产妇产后补充铁质，预防贫血。

调养炖品

四物乌鸡

材料：

乌鸡250克、当归8克、熟地10克、白芍5克、川穹5克、红枣8颗、枸杞3克、桂枝5克

调味料：

盐少许、米酒适量

做法：

1. 鸡肉剁块，放入滚水汆烫，捞起洗净。
2. 鸡块、药材包放入锅中，加1000毫升水以大火煮沸，转小火续炖40分钟。
3. 起锅前加盐调味，加入米酒即可。

功效：

四物乌鸡是调理妇女病的最佳炖品之一，能改善闭经腹痛、月经失调、血虚、便秘，润肠，止血。但月经量多、食少大便稀薄、脾胃虚弱、消化不良的人不宜食用。

大枣养肾牛肉汤

材料：

牛肉250克、杜仲3克、巴戟天9克、红枣4颗、姜6片、菟丝子5克

调味料：

盐少许、米酒适量

做法：

1. 牛肉切块，放入滚水汆烫，捞起洗净。
2. 牛肉块、药材包放入锅中，加1000毫升水以大火煮沸，转小火续炖40分钟。
3. 起锅前加盐调味，加入米酒即可。

功效：

杜仲和巴戟天能补肾阴，强筋健骨，改善腰膝酸痛，活化免疫力；还能降压，利尿，活血解毒，顺养胎气。

调养炖品

黑豆炖排骨

材料：

排骨 200 克、黑豆 50 克、姜 3 片、枸杞少许、大枣 10 克、黄芪 10 克、白术 3 克

调味料：

油 10 克、冰糖 20 克、米酒 30 毫升、盐少许

做法：

1. 排骨切块，汆烫 3 分钟。姜切片，葱切段，大蒜拍碎。
2. 加热油锅，爆香大蒜、枸杞和姜片，再放入排骨拌炒焖煮 10 分钟。
3. 加其他调味料炒匀，再加清水 1000 毫升、黑豆及药包，焖煮 40 分钟即可。

功效：

黑豆含蛋白质、维生素 A、维生素 E，可活血养颜；排骨含蛋白质，能促进胸部组织的饱满。

甜汤（点）

甜薯芝麻糊

材料：

番薯 350 克、黑芝麻 10 克

调味料：

冰糖适量

做法：

1. 番薯洗净，蒸熟后切成适当大小。
2. 将黑芝麻粉加入冰糖及清水 100 毫升，拌匀煮开，最后放入准备好的番薯即可。

功效：

番薯含有胡萝卜素、人体所需的微量元素、维生素 A、维生素 C，有助于抗氧化；黑芝麻含丰富的铁质，可加强铁质的吸收，对造血、增强体力很有帮助。

莲子红豆紫米粥

材料：

紫米 80 克、红豆 30 克、莲子 15 克

调味料：

糖适量

做法：

1. 将紫米、红豆、莲子泡水 2 小时，沥干备用。
2. 热锅加水 800 毫升，将紫米、红豆、莲子以大火煮 10 分钟后，再转小火煮 30 分钟至浓稠状。
3. 加糖调味。

功效：

紫米和红豆具有补血、利尿、消肿等功效，莲子益肾养心，能够促进食欲、改善产后贫血。

饮品

黑糖枸杞姜茶

材料：

姜 30 克、枸杞 10 克

调味料：

黑糖适量

做法：

1. 姜洗净，去皮切片，枸杞洗净。
2. 热锅加清水 600 毫升，待水煮滚后，放入姜片、枸杞，以大火煮 10 分钟后，转小火，加入黑糖，续煮 5 分钟后即可饮用。

功效：

黑糖有助于红血球增加，并强化造血能力；枸杞具有排毒效用，可将体内代谢废物排出体外；姜能温经散寒，增进食欲。

注：市面有售提炼浓缩的茶砖，便于携带、使用。

玫瑰四物茶

材料：

茶包（玫瑰花、当归、熟地黄、白灼、川穹）

做法：

每包用热水 300~500 毫升冲泡，3~5 分钟即可饮用。

功效：

可调节生理机能，润肠，止血，补血调经，给妈妈们红润的好气色。

[第二周：催乳，强筋骨，防腰酸背痛]

产后第二周的食疗调理，宜增加钙质的摄取，以强化筋骨，预防产后腰酸背痛的后遗症。这一阶段也是泌乳激素旺盛的阶段，哺乳产妇可多摄取具有催乳作用的食材，促进乳汁分泌。

食补重点

● 增加乳汁分泌 ● 强健骨骼 ● 预防腰酸背痛 ● 收缩骨盆腔与子宫

● 恢复体力 ● 促进新陈代谢 ● 促进身体机能恢复

饮食原则

● 营养均衡 ● 烹调以炖、煮、煲为宜 ● 忌食生冷、刺激性食物

● 少量多餐 ● 适量饮水 ● 增加蔬果的摄取量

● 减少盐分的摄取 ● 忌食油腻、黏滞食物

1. 多食杜仲、猪腰，可补肝肾，强筋骨

孕期子宫受压迫，产妇容易腰背痛，可多食杜仲、猪腰，并增加生蚝、排骨等钙含量高的食物的摄取，将有助于保护筋骨。

2. 猪脚、青木瓜可促进乳汁分泌

担心乳汁分泌不足的产妇，可多吃猪脚、青木瓜、海鲜等，以分泌充足的乳汁，哺育婴儿。

3. 适时加入麻油料理

产后第二周，可开始吃麻油料理。但产妇若有伤口红肿疼痛或体质燥热现象，则必须禁食麻油，且剖宫产者最好在食用前先请教医生。

Tips：

1. 产后第二周，大多数的产妇体力逐渐恢复，伤口的复原较为稳定，但仍须配合正确的食疗原则，并在日常生活中加强保健，才能尽快恢复健康。自然分娩的产妇，可适度尝试缓和的运动，同时调整食材比例，增加蔬菜、水果的食用量，避免产后便秘。

2. 哺乳产妇应忌食人参、韭菜以及大麦芽、麦乳精、麦芽糖等麦类制品，以免抑制乳汁分泌，造成乳汁减少。

3. 产后第二周适当搭配茶饮，不仅有滋补养身的功效，且可去油解腻。

第二周建议食谱

养生饮品	补气主食	营养主菜	高纤蔬食	调养炖品	甜汤（点）	饮品
★养肝茶（早餐）	百菇粥	金针菇木耳烧鸡腿	★茄汁虾仁豆腐	★黄豆当归炖牛腩	★银耳莲子汤	黑糖枸杞姜茶
安神美人茶（晚餐）	★红豆薏仁紫米粥	肉丝炒豌豆	姜丝炒肚片	白果枸杞炖鸡	红枣薏仁汤	★牛蒡姜茶
★滴鸡精（早、晚餐）	莲藕麦片粥	腰果炒虾仁	菠菜炒猪肝	青木瓜炖排骨	奶酪蛋糕	桂圆枸杞茶
	瑶桂鲍片粥	★姜汁鲈鱼	★豆芽炒三丝	★元气羊肉汤	枣泥核桃糕	玫瑰四物茶
	★红枣小米粥	西红柿炒牛肉	牛肉炒胡萝卜丝	薏仁炖猪手	★山药红豆汤	
	★高纤番薯粥	樱花虾卷心菜	姜丝炒川七	★瑶柱凤爪炖排骨	甜薯芝麻糊	
	香菇小鱼粥	银鱼炒蛋	四季豆银杏		核桃芝麻糊	
		★阿胶炖牛腩				

注：“★”料理有制作方法。

养生饮品

养肝茶

材料：

红枣 8 颗、米酒水 400 毫升（米酒 200 毫升加清水 200 毫升煮开）

做法：

1. 用刀将红枣划开或剖开，去核备用。
2. 取一陶锅，加入红枣和米酒水，先用大火熬煮到红枣熟软，转小火加盖续焖 40 分钟后关火。
3. 再滤除掉红枣即可。

功效：

红枣味甘性温，有补中益气、养血安神、缓和药性毒性的作用，药理研究发现，红枣能使血中含氧量增强、滋养全身细胞。坐月子期间每日饮用 1 杯，也可用养肝茶配煮药膳、甜汤、点心食用，功效加倍。

养生饮品

滴鸡精

材料：

土公鸡（最佳）1只，红枣8颗、枸杞5克

调味料：

不加水及任何调味料

做法：

1. 鸡头、爪剁掉，皮剥去，内脏清洗干净，用刀背将鸡骨拍碎。
2. 将处理好的整鸡放入电锅内锅铁架上（如图），铁架下放红枣、枸杞等中药，盖上盖子（或用三层铝泊纸沿锅边封紧），锅外水蒸气才不会滴到锅内把鸡精稀释掉，外锅加水300毫升蒸2次，注意外锅水不要蒸干。
3. 蒸出来的鸡精约400多克，冷冻后分60克一小杯，每天早上7–9时，空腹、加热后喝下。
4. 蒸煮后的鸡肉可做成鸡肉沙拉、鸡肉三名治、鸡肉丝炒饭等。

功效：

滴鸡精是将一只土鸡在完全不加水的情况下采用蒸、煮方式，滴出来的精华、细小分子，可被人体快速吸收，含丰富胶原蛋白，营养价值高，适合产后妇女瘦身，修护产后身体，恢复体力，增强免疫力等。

补气主食

红豆薏仁紫米粥

材料：

红豆 30 克、薏仁 20 克、紫米 50 克

调味料：

黑糖适量

做法：

1. 材料洗净，红豆、薏仁、紫米分别泡水 1~2 小时。
2. 将清水 800 毫升倒入锅中，加入紫米、薏仁和红豆，以小火煮 50 分钟，直至所有材料软烂，最后加黑糖调匀即可。

功效：

紫米富含钙、磷、维生素 B_1、维生素 B_2、蛋白质，具补血效果，能改善贫血；红豆富含多种营养素，可健脾益胃；薏仁则有解毒作用。

红枣小米粥

材料：

小米 200 克、红枣 6 颗

调味料：

冰糖适量

做法：

1. 小米洗净后，用清水泡软，再将小米连同清水 600 毫升一起放入电锅的内锅中。
2. 加入洗净的红枣，外锅另放清水 200 毫升，按下按键，煮到跳起即熟。
3. 食用前加入冰糖调味即可。

功效：

红枣补血，小米养胃益气，是一道不分季节的最佳气血双补清爽甜品。

注：可用糙米替代小米。

补气主食

高纤番薯粥

材料：

白米 90 克、番薯 200 克

调味料：

冰糖少许

做法：

1. 白米洗净；番薯削皮，洗净，切成见方的小块。
2. 白米入锅，倒清水 800 毫升，煮滚后转小火。
3. 加番薯续煮约 30 分钟至熟烂。
4. 可依个人口味加入适量糖调味。

功效：

番薯含蛋白质、多种维生素和矿物质，可补虚，健脾胃，益气通乳。此粥品可保护器官，对于产妇身体各器官复原十分有益。

营养主菜

姜汁鲈鱼

材料:

鲈鱼 1 条（约 400 克），老姜 60 克，葱丝、姜丝少许

调味料:

酱油 10 毫升、麻油 40 毫升、酒 30 毫升、糖 5 克

做法:

1. 将鲈鱼洗净后，从背部划斜刀纹，仔细拭干水分，备用。
2. 老姜洗净后，切下三四片薄片。
3. 在锅内以麻油炒老姜片，将鱼放入炸至呈焦黄色且溢出香味。
4. 放入糖、酒、酱油、清水 100 毫升，转小火，焖煮至熟，中途要翻面。起锅前，撒上姜丝和葱丝即可。

功效:

姜汁鲈鱼是一道健胃止吐的佳肴，有助于强健脾胃、恢复生产时消耗的体力。鲈鱼有利于产后复原并且帮助蛋白质的吸收，促进产妇的乳汁分泌。

阿胶炖牛腩

材料:

牛腩 200 克，老姜 4 片，胡萝卜、淮山各 50 克，阿胶 20 克，巴戟天 10 克，续断 6 克，红枣 6 颗

调味料:

油、米酒、麻油适量，盐少许

做法:

1. 材料洗净，巴戟天、续断、红枣放入纱布袋，胡萝卜、牛腩分别切块、汆烫。
2. 牛腩、阿胶、纱布袋加清水 800 毫升煮开，转小火煮 40 分钟，捞出牛腩，药汁滤渣。
3. 热油锅，爆香姜片，加牛腩、红萝卜、淮山、盐、米酒和药汁煮 10 分钟，淋麻油。

功效:

牛腩富含铁与蛋白质，营养价值高；阿胶、巴戟天有促进造血、细胞再生、增加骨质、抗疲劳等作用。这道菜能强筋健骨，补血滋阴，补充元气，预防衰老。

高纤蔬食

茄汁虾仁豆腐

材料：

虾仁 60 克、豆腐 1 块、鸡蛋 1 个（取蛋白）、青豆少许、洋葱末 1 大匙

调味料：

油、太白粉、西红柿酱适量，盐少许

做法：

1. 虾仁洗净，拭干水分，以盐、蛋白、太白粉腌渍约 10 分钟。
2. 材料洗净，豆腐切丁，青豆过热水烫熟。
3. 起油锅，将洋葱末炒至香味溢出，加入虾仁稍微拌炒至半熟状态。
4. 放入青豆、西红柿酱、盐调味。
5. 最后加入豆腐、适量清水，煮约 2 分钟至热，即可起锅。

功效：

豆腐是便宜、好吃又营养的食材，对产妇来说，豆腐能净化血液、促进伤口复原，和虾仁搭配组合，还能提升造血功能，是产后体质虚弱的妇女补充体力的好选择。

豆芽炒三丝

材料：

猪肉 60 克、有机黄豆芽 60 克、香菇 3 个、胡萝卜 60 克、姜 20 克

调味料：

油适量、盐少许

做法：

1. 食材洗净，黄豆芽摘除根部，香菇泡软切丝，胡萝卜、姜切丝，猪肉切细丝。
2. 在锅内，以油炒香姜丝、肉丝、香菇丝，约 3 分钟。
3. 加入黄豆芽、胡萝卜和清水 50 毫升，加盖，焖煮约 5 分钟。
4. 起锅前加盐调味即可。

功效：

猪肉、黄豆芽、胡萝卜等富含维生素 A、维生素 C、维生素 D 和 β 胡萝卜素、纤维素，具有清血、降低胆固醇、活化肌肤的功效。

调养炖品

黄豆当归炖牛腩

材料：

牛腩 150 克、黄豆 40 克、当归 8 克、党参 5 克、老姜 6 片、八角 1 粒、丁香少许

调味料：

盐少许

做法：

1. 牛腩放入滚水汆烫，捞起洗净；黄豆洗净沥干；当归、党参、八角、丁香洗净放入纱布袋。
2. 将牛腩、黄豆及药包入内锅，加清水 800 毫升，外锅加清水 200 毫升，按下按键，煮至按键跳起后，续焖 10 分钟。
3. 加入盐调味即成。

功效：

黄豆含高蛋白，牛肉可强筋健骨，能促进产妇乳汁分泌及帮助产妇快速恢复体力。

元气羊肉汤

材料：

羊肉 200 克，生姜 1 段，党参 5 克，当归 8 克，枸杞 5 克，黑枣 6 颗，黄芪、肉桂、陈皮皆少许

调味料：

盐少许、米酒 30 毫升

做法：

1. 羊肉放入滚水汆烫，捞起洗净。生姜洗净，切片。
2. 羊肉、生姜、药包放入锅，加 1000 毫升水，以大火煮沸，转小火续炖 40 分钟。
3. 加入盐、米酒调味即成。

功效：

能增强产妇体能肌力，强健骨骼，促进气血循环，改善瘦弱体虚，消除疲劳，集中注意力。

调养炖品

瑶柱凤爪炖排骨

材料：

凤爪100克、瑶柱20克、排骨150克、黑枣10克、黄芪8克、玉竹5克、薏仁20克、干贝10克、老姜2片

调味料：

盐少许

做法：

1. 干贝温水泡1小时至变软，撕成条状；排骨滚水汆烫沥干；鸡爪去趾尖，切成2段，滚水汆烫沥干。
2. 将排骨、鸡爪、姜片、黑枣及药包放入锅，加入1000毫升水，以大火煮沸，转小火续炖40分钟，加盐调味即可。

功效：

排骨、干贝、凤爪富含胶原蛋白，可以补充钙质、预防骨质疏松，有嫩肤养颜、减少皱纹及增加乳汁的作用。

甜汤（点）

银耳莲子汤

材料：

莲子 50 克、干白木耳 20 克、红枣 6 颗

调味料：

冰糖适量

做法：

1. 所有材料洗净；莲子用水泡 10 分钟，挑除莲心；干白木耳泡软，撕成小片。
2. 所有材料放入碗中，加清水 800 毫升，放入锅中，用大火煮开。
3. 用小火焖煮 50 分钟，加冰糖拌匀。

功效：

白木耳富含蛋白质、维生素 B 族，莲子具清热解毒、养心安神的作用。此汤品可调整体质，舒缓焦躁，滋补养颜。

山药红豆汤

材料：

红豆 120 克、山药 100 克

调味料：

冰糖适量

做法：

1. 红豆洗净，泡水 1 晚；山药洗净，去皮切小块，备用。
2. 热锅加水 800 毫升，放入准备好的材料，待水滚后，转小火慢煮，煮到红豆变软后，加冰糖调味即可。

功效：

红豆有丰富的铁质，能达到极佳的补血功效，也可促进血液循环。

饮品

牛蒡姜茶

材料：

牛蒡 250 克、老姜 1 片、枸杞 15 克

做法：

1. 牛蒡去皮，洗净切片；枸杞泡水，洗净。
2. 牛蒡、老姜及枸杞一起放入锅中加清水 600 毫升，以大火烧开后，再以小火煮 20 分钟，去渣即可。

功效：

牛蒡含矿物质，有利尿作用；枸杞有补虚、止渴等作用；姜能使身体温热、促进肠胃功能。牛蒡姜茶可明目止渴，改善产妇消化不良、水肿等现象。

注：市面上均有售茶包，携带方便，冲热水即可。

[第三、第四周：滋补元气，预防老化，补充体力]

调理目的

在生理机能已大致恢复的产后第三、第四周，除了加强补充气血、恢复身体机能外，也可针对生产前的某些生理症状，进行重点食补，借此调理宿疾、改善体质，为未来的健康奠定良好基础。

食补重点

- 滋补元气
- 预防老化
- 调理宿疾
- 增强抵抗力
- 补充体力
- 改善体质
- 提升免疫力
- 调节身体机能

饮食原则

- 营养均衡
- 增加蔬果的食用量
- 补充足够水分
- 选择低脂食物
- 减少热量的摄取
- 饮食清淡
- 定时定量

1. 以“低热量、少脂肪”为饮食原则

避免热量摄取过多，造成产妇身体负担，甚至引发其他疾病，也将造成产后减重的困难。

2. 增加蔬果食用量，远离便秘困扰

产后第一、第二周，为迅速补充产妇营养，饮食多以鱼肉为主，致使蔬果摄取不足，造成产妇口干、上火、便秘。故第三、第四周，宜增加蔬果及水分的补充，以改善上述问题。

3. 适时加入“养颜”食材，为健康加分

产后的第三、第四周，可以借由食疗的方式改善体质，适时加入如海鲜、虾、贝类等养颜食物，以及莲子、雪蛤等药材。

Tips：

1. 产后身材的恢复，是不少产妇担心的问题。故第三、第四周的食疗重点，除了补身之外，要考虑饮食调整与控制，在“饮食清淡、定时定量”的原则下，可让产后减重不再是件难事。

2. 经过产后第一、第二周的修养，多数产妇的生理机能已逐渐恢复，若能把握第三、第四周进行重点食补，将可告别过去恼人的宿疾，重新拥有健康的体质。

3. 善用药膳补益气血的功能，也对产后情绪舒解、改善失眠非常有帮助。

第三、第四周建议食谱

养生饮品	补气主食	营养主菜	高纤蔬食	调养炖品	甜汤（点）	饮品
养肝茶	红枣薏仁粥	香菇枸杞烧鸡腿	银鱼绿苋菜	★四君子强身排骨汤	★双耳红枣桂圆糖水	红枣枸杞茶
★安神美人茶	★莲藕麦片粥	土豆炒牛肉	胡萝卜炒蛋	台式姜母鸭	核桃紫米糕	冬虫夏草养生茶
滴鸡精（早、晚）	玉米鸡茸粥	★红酒牛腩	★卷心菜炒香菇	黄豆当归炖牛腩	奶酪蛋糕	养生十二味茶
	★小鱼香菇粥	韭菜炒鱿鱼	西芹卷心菜炒蛋	★能量八珍乳鸽	★花生番薯汤	★黑糖桂圆枸杞茶
	桂圆紫米粥	★金针鲜鱼	胡麻油炒碧绿花椰菜	阿胶炖牛腩	山药莲子银耳汤	
	八宝粥	南瓜炒肉片	★绿芦笋炒三丝	首乌玉竹炖鸡	蜜枣桂圆炖木瓜	
	★莲子红豆紫米粥	卷心菜炒鳝片	★银鱼炒蛋	强筋健骨牛肉汤		
		咖喱鸡肉		★四神猪手汤		
		★烧酒虾		药炖牛尾骨		
				元气羊肉汤		

注：“★”料理有制作方法。

养生饮品

安神美人茶

材料：

玫瑰花 6 克、枸杞 10 克、茯神 6 克、玉竹 5 克、黄芪 5 克、薏仁 10 克、桂圆肉 5 克

做法：

1. 所有食材冲水洗净，备用。
2. 连同清水 800 毫升一起放入锅中，以大火煮沸后，改转小火慢煮 30 分钟即可。

功效：

此道饮品能排毒补血，稳定情绪，帮助睡眠，增强免疫力，补益心肾，美容养颜。

补气主食

莲藕麦片粥

材料：

白米90克、麦片20克、莲藕100克、猪里脊肉50克、胡萝卜30克

调味料：

盐少许

做法：

1. 材料洗净，莲藕切片，胡萝卜切丝，猪里脊肉切丝。
2. 白米放入普通锅中，加清水800毫升煮开，再加麦片和莲藕片，大火煮滚后转小火，煮至黏稠状。
3. 加入胡萝卜丝和猪里脊肉丝煮熟，再加盐调味。

功效：

莲藕富含维生素B、维生素C，可消除疲劳及促进黏膜健康。此料理提供产妇身体所需能量，有助于子宫恢复。体质偏寒的产妇应酌量食用。

小鱼香菇粥

材料：

小鱼15克、大米100克、糯米60克、香菇3朵

调味料：

盐少许

做法：

1. 香菇泡软去蒂，切成条状，小鱼洗净、沥干备用。
2. 大米、糯米泡水10分钟，放入电锅，内锅加水600毫升，外锅加水200毫升，按下开关煮粥，煮到开关跳起即熟，再加香菇、小鱼、盐，外锅再加水100毫升，按下按键，待按键跳起后即可。

功效：

小鱼干能提供丰富的钙、磷，强筋健骨；香菇能抗癌、增强免疫力。此道粥品能促进骨骼生长发育，更具抗老防衰、美容养颜的功效。

补气主食

莲子红豆紫米粥

材料：

莲子 5 克、紫糯米 150 克、红豆 50 克

调味料：

黑糖或冰糖适量

做法：

1. 将干红豆、莲子、紫糯米用水浸泡 3 小时至软，分别取出沥干水分。
2. 将准备好的食材放进电蒸锅的内锅中，倒入水 600 毫升，外锅加水 200 毫升，按下开关煮粥，煮到开关跳起即熟。
3. 打开锅盖，加入糖调味，搅拌均匀即可。

功效：

红豆、莲子能润肺止渴，补中益气，安神；紫糯米富含蛋白质、钙、磷、铁、脂肪、维生素，补血健肺、益脾胃，可治疗产后贫血症。

营养主菜

红酒牛腩

材料：

牛腩 150 克、洋葱 50 克、胡萝卜 50 克

调味料：

油 10g、盐少许、红酒 100 毫升

做法：

1. 材料洗净，牛腩、洋葱和胡萝卜切块，牛腩热水汆烫。
2. 烧热油锅，先将洋葱炒香，再放入牛腩、胡萝卜拌炒。
3. 加入红酒和水（约 500 毫升），以小火炖煮 40 分钟至牛肉软烂，最后加盐拌匀。

功效：

牛肉富含蛋白质、铁和维生素，可滋养脾胃，强筋健骨；红酒有活血、通络、镇定、安神的功效。此料理为产后滋补佳品。

金针鲜鱼

材料：

切成块的草鱼 250 克、干金针 50 克、姜 4 片

调味料：

盐少许，白醋适量

做法：

1. 干金针洗净，泡水 15 分钟后捞起，再用清水冲洗一次；草鱼切块。
2. 鱼块入油两面煎黄，放入锅中。再放入金针、姜片和盐，倒水 500 毫升，用小火炖煮 30 分钟。
3. 食用前淋上白醋即可。

功效：

鱼富含蛋白质、维生素 B_2，营养丰富；金针能清热、利尿。此料理可促进产妇血液循环，增加抵抗力，并改善水肿状况。

营养主菜

烧酒虾

材料：

活虾 150 克、葱 1 根

调味料：

米酒 100 毫升、麻油适量、盐少许

做法：

1. 活虾洗净去肠泥，备用。
2. 在锅内加热麻油，将虾及葱段炒至金黄色。
3. 加水（200 毫升）及米酒、盐煮熟，即可食用。

功效：

这道料理具有补血、养颜、明目和促进血液新陈代谢的作用。对哺乳妈妈而言，还能促使乳汁分泌。

高纤蔬食

卷心菜炒香菇

材料：

卷心菜220克、干香菇3朵、葱1根

调味料：

色拉油适量、盐少许

做法：

1. 卷心菜洗净切片；香菇泡软，洗净去蒂切丝；葱洗净切斜段。
2. 色拉油入锅爆香葱段，翻炒香菇，再加卷心菜炒至熟软。
3. 最后加盐拌炒调匀。

功效：

卷心菜富含膳食纤维，能帮助消化和排毒；香菇含多糖体，可增强抵抗力。此料理能促进产妇肠胃蠕动，防止便秘，增强免疫力。

绿芦笋炒三丝

材料：

金针菜50克、黑木耳25克、芦笋125克、红甜椒30克

调味料：

橄榄油、米酒、麻油、黑胡椒适量，盐少许

做法：

1. 所有材料洗净，芦笋去老皮切断，入水煮开取出；金针菜去尾部切断；红甜椒去籽切丝；黑木耳切丝，备用。
2. 热锅加油，放入准备好的材料再加入调味料拌炒。

功效：

芦笋能促进身体代谢，也含有丰富的维生素A；金针菜能清热利尿。此料理能使产妇增强肌肤的光泽及避免长痘。

高纤蔬食

银鱼炒蛋

材料：

银鱼 70 克、蛋 2 个、蒜少许、姜末少许

调味料：

油适量、盐少许

做法：

1. 将银鱼、大蒜末、姜末、蛋在碗内慢慢搅拌至均匀，再加上适量油、少许盐混匀，备用。
2. 平底锅加热后，倒入少许油，放入混匀的蛋液，大火炒 4 分钟。

功效：

银鱼炒蛋是产后补充钙质、蛋白质、维生素、纤维素的家常料理，能改善哺乳妈妈缺奶的情形，并解决身体虚弱所引起的食欲不振，不仅营养而且经济又美味。

调养炖品

四君子强身排骨汤

材料：

排骨 250 克、党参 8 克、白术 8 克、茯苓 8 克、甘草 5 克、红枣少许、枸杞少许

调味料：

盐少许

做法：

1. 排骨放入滚水氽烫，捞起洗净沥干。
2. 全部食材放入锅，加清水 1000 毫升，以大火煮沸，转小火续炖 40 分钟。
3. 加入盐调味即可。

功效：

排骨补肾益气、强身补骨；党参、白术、茯苓、甘草四君子具有补气健脾，改善消化不良、肺气不足的功能，可增强免疫力。

能量八珍乳鸽

材料：

乳鸽 1 只、当归 5 克、熟地 5 克、白芍 5 克、川穹 3 克、党参 5 克、茯苓 5 克、白术 5 克、甘草 5 克、枸杞 6 克、红枣 8 颗

调味料：

米酒适量、盐少许

做法：

1. 乳鸽剁块，放入滚水氽烫，捞起洗净；药材洗净放入纱布袋。
2. 全部药材包、乳鸽块入锅，加清水 1000 毫升，以大火煮沸，转小火续炖 30 分钟，滴入米酒即可。

功效：

八珍是由补气的四君子加补血的四物组合而成，能够调理气血循环、促进新陈代谢，改善四肢无力、面色苍白、食欲不振、心慌惊悸。气血失调常是病变起因，常食用此汤品能调和气血，活络组织器官，对于产妇调理身体有实质的作用。

四神猪手汤

材料：

猪手 200 克、芡实 5 克、淮山 10 克、茯苓 10 克、薏仁 30 克、当归 5 克

调味料：

盐少许、米酒适量

做法：

1. 猪手剔除肥油，切大块放入滚水汆烫，捞起洗净。
2. 猪手、全部药材放入电锅内锅，加 800 毫升水。
3. 外锅加清水 200 毫升炖煮，待开关跳起后，续焖 20 分钟，加盐调味，进食前滴适量米酒，食用效果更佳。

功效：

猪手能补虚损，健脾胃；芡实能补脾止泻，益肾固精，改善尿频；淮山能补肾涩精，润肺健脾胃；茯苓、薏仁能利尿消肿，去除体内湿气。产后食用可健脾益胃，促进食欲，利尿消肿，厚实肠胃，促进成长发育。

甜汤（点）

双耳红枣桂圆甜汤

材料：

黑木耳、白木耳各 20 克，桂圆 35 克，红枣 8 粒

调味料：

冰糖适量

做法：

1. 黑、白木耳洗净，泡软后切小片，红枣去籽，桂圆肉洗净。
2. 锅内加清水 800 毫升，放入准备的所有材料，待水滚后，转小火慢煮约一个半小时，加冰糖调味。

功效：

木耳、银耳热量低，胶原蛋白丰富，可以补充生产时流失的胶质、也可增进产妇肌肤滑嫩。桂圆、红枣可以补血及促进血液循环。

花生番薯汤

材料：

花生仁 50 克、番薯 150 克、老姜片少量

调味料：

冰糖适量

做法：

1. 所有食材洗净，沥干；花生仁泡水 6 小时后，沥干；番薯去皮、切块。
2. 汤锅加入花生仁、老姜片及清水 800 毫升，以大火煮滚后，再以小火焖煮 2 小时。
3. 最后加入番薯块，煮 10 分钟，冰糖调味即可。

功效：

番薯有排水功能，能增强抵抗力；花生含脂肪酸，可以促进乳汁分泌。

饮品

黑糖桂圆枸杞茶

材料：

桂圆肉 30 克、枸杞 20 克、黑糖 30 克

做法：

1. 所有食材洗净，沥干。
2. 桂圆肉、枸杞放入锅中加清水 500 毫升，以大火煮沸转小火续煮 20 分钟，加黑糖调味即可。

功效：

黑糖具有温暖子宫，活血化瘀的效果；枸杞可滋补肝肾，益精明目，养血，增强人体免疫力；桂圆能安神养心，补血益脾。肠胃道消化吸收不佳的产妇可多喝此茶。

注：有市售浓缩块，携带方便，热水冲泡即可。

第 4 篇

痛并快乐着的母乳喂养，你准备好了吗？

第4篇

痛并快乐着的母乳喂养，你准备好了吗?

4.1 认识母乳喂养

4.1.1 母乳喂养的好处

1. 母乳喂养对妈妈的好处

（1）刺激妈妈体内催产素和催乳素的释放。催产素有利于子宫收缩，减少阴道出血，预防贫血；催乳素促进乳汁分泌，促进母性行为的发展和母子间亲密关系的形成。

（2）降低妇科恶性疾病的患病率。研究表明，哺育母乳可以降低罹患乳腺癌的风险，哺乳期超过 25 个月的妈妈们患乳腺癌的几率要降低 1/3。而且，母乳喂养的女婴今后患乳腺癌的概率也低于没有吃到母乳的女婴。哺乳还可预防卵巢癌、尿路感染和骨质疏松，保护妈妈健康。

（3）有益良好身材的恢复。妊娠期间妈妈身体积蓄的脂肪，就是为产后哺乳而储存的“燃料”，母乳喂养可有效地消耗体内额外的卡路里，促进新陈代谢，进一步帮助母体身材的恢复，避免产后的肥胖。有些妈妈担心母乳喂养会导致乳房下垂变形，其实哺乳并不会改变乳房的形状，哺乳期穿着合适的哺乳内衣，采取正确的哺乳姿势，断乳后乳房有一个回缩期，这段时间注意乳房的保养，可以用一些口碑好、无刺激的乳房紧致产品进行按摩和护理。

2. 母乳喂养对宝宝的好处

（1）营养成分全面，有助于婴儿发育。母乳中含有一种能够帮助消化的酶，与牛奶相比，母乳在婴儿的胃里形成更软的凝乳，能更快地被人体系统消化。尽管母乳中蛋白质的含量低于牛奶，但却调和成利于吸收的比例，使婴儿能够全面吸收营养，却不会增加消化及排泄的负担。母乳中还有足够的氨基酸与乳糖等物质，对婴儿脑发育有促进作用。

（2）比例合适，有效保护宝宝稚嫩胃肠。母乳蛋白质中，乳蛋白和酪蛋白的比例，适合新生儿和早产儿的需要，婴儿的肠胃消化及肾脏排泄功能还没发育完全，无法承受过量的蛋白质与矿物质，母乳中良好的脂肪酸比例，不但容易吸收，也提供足够的必需脂肪酸给婴儿正常发育。母乳喂养的婴儿对铁和锌的吸收也更好。

（3）富含免疫因子，有效提高宝宝的免疫能力。母乳不但能提高婴儿的免疫能力，保护婴儿免于感染，预防腹泻、呼吸道感染，更能降低婴儿过敏体质发生的概率。婴儿配方奶粉以母乳为标准，尽可能地模仿出与母乳“像”的配方，但是不论如何模仿，都无法与母乳比拟。

（4）给予宝宝充分的安全感，有利于人格全面发展。母乳喂养对于婴儿的人格发展与亲子关系的培养有极密切的关系。哺乳的过程中，婴儿和妈妈有皮肤对皮肤、眼神对眼神的接触，满足了婴儿对温暖、安全及爱的需求。

4.1.2 母乳喂养成功的基础

1. 早接触、早吸吮、早开奶

早接触是指分娩的母亲和婴儿进行皮肤接触（不要穿衣服），在对婴儿进行完基础的清洁和护理后就可以进行，接触时间最好不少于 30 分钟。通过早期皮肤接触，妈妈会真切地体会到初为人母的喜悦，注意力集中在孩子身上，能够减轻分娩后的虚弱和疼痛感。婴儿刚离开温暖的子宫，能够接触到妈妈温暖的皮肤，也会有安全感。

早吸吮是指产后 30 分钟内让婴儿吸吮。最好是在新生儿剪断脐带后，母亲还在产床上，就让婴儿俯卧在母亲的胸腹部吸吮乳头，吃到初乳。初乳中含有新生儿生长发育所必需的营养物质，尤其是抵抗感染的抗体，婴儿可得到首次免疫。此时即使婴儿吃不到奶，也能通过吸吮乳头，刺激妈妈脑垂体释放催产素和催乳素。

早开奶是指分娩后尽早开始给孩子哺乳，孩子生下来以后，越早哺乳越好，多主张从产房回到病房，稍微休息一会儿就给宝宝哺乳，让宝宝吸吮乳头。即使有些妈妈此时并不出奶，也要隔 3~4 小时给宝宝母乳一次，通过宝宝的吸吮，进一步刺激催产素和催乳素的释放，早下奶，多下奶。

早接触，早吸吮，早开奶，有助于母乳喂养成功。

2. 按需哺乳

按需哺乳即妈妈奶涨时，需要给宝宝随时不固定时间喂奶。初生几天内，母乳分泌量较少，不宜刻板固定时间喂奶，可根据需要调节喂奶次数。至于每次喂奶的时间，第一天每次每侧约 2 分钟，第二天约 4 分钟，第三天约 6 分钟，以后为 8~10 分钟，即一次喂两侧共 15~20 分钟。吸奶时间过久，婴儿会咽入过多空气，易引起呕吐，而且也会养成日后吸吮乳头的坏习惯。

3. 充分“排空”乳房

初期充分排空乳房，会有效刺激催乳素大量分泌，可以产生更多的乳汁；也要根据宝宝奶量和月龄有效“排空”乳房。在一般情况下，可以用手挤奶或使用吸奶器吸奶，这样可以充分排空乳房中的乳汁。

4. 配合宝宝的作息，保证充分休息

婴儿的睡眠一开始没有规律，而且多数白天睡觉晚上不睡，因此妈妈需要夜里哄宝宝，给宝宝喂奶，夜晚的睡眠变差，而睡眠不足会使奶水量减少。哺乳妈妈要注意抓紧时间休息，白天趁宝宝睡觉的时候，就强迫自己和宝宝一起睡觉。也可以让家人白天带宝宝去晒晒太阳，接触大自然，宝宝可能会因为新鲜和新奇而兴奋，消耗一些体力，晚上会睡得久一些。

5. 妈妈保持愉悦的心情

自信是成功的基石，妈妈对自己能够胜任母乳喂养工作的自信心将是母乳喂养成功的基本保证。不论女性乳房的形状、大小如何，都能制造出足够的奶水，带给宝宝丰富的营养。

母乳喂养需要得到家庭尤其是丈夫的支持，帮助妈妈树立母乳喂养成功的信心，激发妈妈母乳喂养的热情，使妈妈感到能用自己的乳汁喂养孩子是最伟大的工作，应感到自豪和快乐。少数妈妈感到喂奶太麻烦、太累，心里不情愿，乳汁就会减少。要消除妈妈焦虑的情绪，多休息，生活有规律，保持愉快心情。

4.2 哺乳期常见问题的处理

4.2.1 产后缺乳

产后缺乳一般有两个原因，一是乳腺不通畅，二是饮食不正确。我们可以针对这两个原因对症下药。

1. 按摩乳腺

疏乳棒由台湾台大医院张桂玲护理长研究发明，并经过多年临床反复测试及使用，证明有效后制造的。疏乳棒依据人体乳房乳腺结构，设计排列独特的 13 粒按摩颗粒，以最方便简单的方法按摩疏通乳腺，可以达到维持乳腺通畅，预防乳腺阻塞及治疗涨奶，进而达到奶通、奶多的效果。

步骤一：拇指按于T形止滑处，手握疏乳棒棒身。

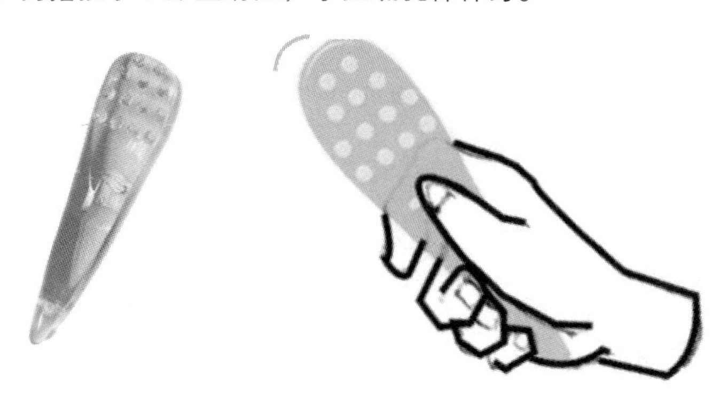

步骤二：以一手轻托起乳房，一手持疏乳棒，由乳房基底部轻轻向乳晕方向梳去，至乳晕前停止，不同部位以顺或逆时针方向依序梳理。

步骤三：副乳腺部分需将手部举高，从腋下副乳腺处向乳晕方向梳去，至乳晕前停止。

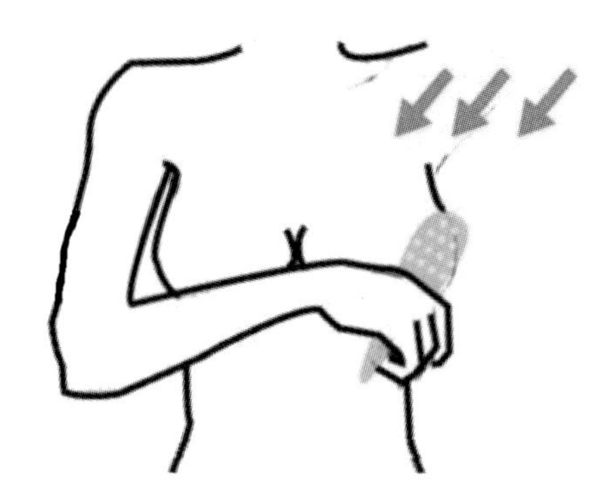

疏乳棒使用建议：

生产前：早晚各梳 1 次，左右乳房各梳 3~5 圈，怀孕满 37 周开始（如预产期为 10 月 15 日者，10 月 1 日开始梳），以梳头发的力度梳理即可。

生产后：一天梳 3 次，左右乳房各梳 3~5 圈，产后立即开始，以梳头发的力度梳即可，每次喂奶或挤奶前梳理。

乳腺阻塞时涨奶（也即乳房有硬块或硬节时）：每次喂奶或挤奶前，左右乳房至少各梳 5 圈，梳乳的力度不同，需将颗粒下压，针对硬块或硬节部位梳理。

2. 调整饮食

猪蹄、花生、通草都是催奶的好助手，且方便购买。以下我们向新妈妈们介绍几个方便烹饪的产后催奶汤。

（1）鲫鱼炖汤：新鲜鲫鱼 1 条，处理干净，通草 5 克，少量黄豆芽，一起放入砂锅后加水煮沸，再以文火炖，鱼汤呈乳白色时加入葱白 3~5 根，食盐少许，再煮约 3 分钟后即可食用。

（2）花生煲猪蹄：生花生仁 150 克，猪脚一只 (300~500 克)，洗净切块，加水煲汤，加少许盐，煲好后饮汤。花生、猪脚也可以视妈妈的胃口吃一些，不要勉强硬吃，以七八分饱为宜。

（3）猪蹄煲通草：猪蹄 2 只，通草 20 克，加入调料后，一起炖，炖完后喝汤，也可以吃一些猪蹄。

（4）豆腐煮红糖：豆腐 120 克，红糖 30 克，黄酒 1 小杯。将豆腐、红糖加水 600 毫升，入锅用文火煮，煮至水约 400 毫升时，即可加入黄酒调服。吃豆腐，喝汤。

妈妈们要注意，在哺乳期，为了催乳或者营养，长辈可能会一直让你们多喝多吃，而你的胃口好像也前所未有的好，一定要有节制哦。建议少食多餐，以免脂肪不知不觉堆积太多，后期瘦身有困难。毕竟保持良好的身材，是每一个妈妈的心愿。

4.2.2 乳汁淤积与急性乳腺炎

乳汁淤积轻微时，可以通过宝宝的吸吮或者是正确的挤奶进行及时疏通，但是若以上两种方法都不能减轻症状，妈妈们也不要担心，以下介绍几种常用的方法，你不妨试一试。

1. 卷心菜敷患处

将卷心菜叶子洗净，敷在患处，约 20 分钟后取下，如果感觉有效，但是硬块没有完全消除，可以继续敷卷心菜叶子。

2. 发酵的面团

可以自己在家里做面团，怕麻烦的话可以去烧饼摊买等待烘烤的面团，热敷，约半小时后取下，轻轻按摩，推挤，如果感觉涨奶，可以用吸奶器吸出。

3. 仙人掌

仙人掌有消热化瘀和分解乳汁中糖分的作用，可以将仙人掌去刺，搅成糊状敷在乳房硬肿处，并超过硬肿范围（腋窝处的淋巴结不予外敷），敷好后用纱布覆盖，以免弄脏衣服。24 小时后，大部分患者肿块、疼痛缓解，体温正常。

4. 芒硝

芒硝也称皮硝，一般的中药店有销售，可用两层纱布裹住芒硝，在乳房硬块处外敷，注意避开乳头，芒硝遇热会出水，一般外敷 2~3 小时，芒硝出水后换掉。芒硝去除乳房淤积硬块的效果很好，且方便操作。

5. 如意黄金散

如意黄金散可以用植物油调敷，一般调至浓度适中为止，不要过稀也不要过稠，外敷在乳房上，敷完用纱布盖住，第二天起来症状基本消失。

6. 蒲公英

药店有蒲公英颗粒可内服，也可以买些蒲公英煮水，去渣取蒲公英水，可以用蒲公英水洗乳房，也可以当日常饮用水喝，有很好的消肿效果。

7. 土豆片

土豆极易购买，可以切成较薄的片，多切一些泡在水里，然后外敷，凉凉的感觉消失后就可以换一片，睡觉之前可以两片叠加敷，然后盖上纱布，第二天症状基本消失。

如果乳房肿痛有硬块，不要用热水敷，可以先尝试以上这些办法，也可以寻找专业的催乳师进行疏通，记住专业的催乳师进行疏通时，妈妈不会有疼痛的感觉，千万不要相信一些没有资质的场所灌输的“催乳肯定是疼的，疼过后就通了”的思想，如果催乳过程中产生疼痛，乳腺管会有损伤，不利于后期的催乳，也可能会给乳房埋下病根。如果妈妈出现高烧的症状，请及时就医，遵医嘱。如果需要用药或输液，就要停止哺乳，很多妈妈在此时会动摇母乳喂养的决心，觉得可以趁此机会断了母乳，一些外婆也因为心疼女儿，会十分赞同女儿的想法。但是母乳是不可取代的，即使科技再发达，配方奶再模仿母乳的配方，依然无法和母乳完全一致。在用药期间，妈妈可以每天用吸奶器吸奶，以防回奶，做好乳房的清洁工作。

4.2.3 乳头皴裂

因为个人体质或者是宝宝吸吮方式的不同，部分妈妈会出现乳头疼痛及皴裂。在怀孕 4~5 个月后，可以常用温皂水和干而软的毛巾擦洗乳头，以增强表皮的坚韧性，可防哺乳时乳头皴裂。

在哺乳期间，若出现乳头皴裂的现象，可以在喂完奶以后，以乳汁涂抹滋润乳头。宝宝吸吮时，让宝宝的嘴巴含住整个乳晕，正确地吸含乳房。不要过度清洁乳头，无乳汁分泌时，建议涂抹羊脂膏或可食用的油，如橄榄油、芝麻油增加滋润感，避免乳头皴裂。皴裂很深、疼痛厉害，或一直不见好转时，应停止直接哺乳，改用吸奶器吸出乳汁喂给宝贝。这期间要抓紧时间治疗，症状较轻时，最好戴乳头保护罩喂奶。喂奶结束后，用硼酸棉消毒乳头，再用消毒的纱布盖好。

母乳喂养是需要学习的，希望哺乳妈妈能够抱着正确的观念及信念，因为母乳滴滴珍贵，是奠定培育优质下一代的重要基石，也衷心期盼所有的妈妈有一个愉快的哺乳经验。

4.3 退乳

4.3.1 退乳的时间选择

退乳的时间可选择春秋季节，一般避免选择在寒冷或炎热的季节。一般来说，南方比北方要注意断奶时机的选择。

夏天天气炎热，胃肠道消化功能减弱，如果断奶后给孩子添加过多的辅食，就容易引起消化不良，甚至发生腹泻等胃肠道疾病。冬季是呼吸道传染病发生和流行的高峰期，也不利于断奶。

4.3.2 自然退乳的方法

1. 喂养方式的转变

（1）逐渐减少哺乳次数。如果宝宝对母乳依赖性很强，快速断奶可能会让宝宝不适，如果妈妈非常重视哺乳，又天天和宝宝在一起，突然退乳可能有失落感。这种情况就可以采取逐渐退乳的方法，慢慢减少哺乳的次数，等妈妈和宝宝都适应后，再逐渐减少，直到完全断掉母乳。

（2）增加配方奶。开始退乳时，可以每天都给宝宝喝一些配方奶，也可以喝新鲜的全脂牛奶。需要注意的是，尽量鼓励宝宝多喝牛奶，但如果宝宝想吃母乳，妈妈也不要拒绝。

（3）断掉临睡前和夜里的奶。大多数的宝宝都有半夜里吃奶和晚上睡觉前吃奶的习惯。很多妈妈在休完 3~4 个月的产假后，就已经恢复上班，宝宝在白天已经接受了奶瓶喂养，断掉临睡前和夜间的奶需要家人的配合。可以改由爸爸或家人哄宝宝睡觉，妈妈避开一会儿。宝宝见不到妈妈，刚开始肯定要哭闹一番，但是哄一哄，耐心地抱着宝宝，喂一些配方奶，多数宝宝还是可以入睡的。断奶刚开始时宝宝会折腾几天，但是哭闹的程度会一次比一次轻，直到有一天，宝宝睡觉前没怎么闹就乖乖喝配方奶，并躺下睡了。而半夜里的奶，宝宝也多半处于半睡半醒的状态，给他喝点白开水或者配方奶都可以，有些宝宝在几个月以后就能够睡整觉了。养成宝宝良好的作息，家长也能轻松许多。

（4）适当添加辅食。现在多数妈妈都会在休完产假以后重返工作岗位，所以能够坚持两年母乳喂养的不多。建议妈妈们能够坚持母乳喂养 10 个月以上，等宝宝有一些牙齿的时候，可以添加少量辅食，如苹果泥、肉泥、土豆泥等，也可以吃一些稀烂的粥，增加辅食以后的宝宝，对母乳的依赖也会慢慢减少。给宝宝一些新鲜的辅食，宝宝会很乐于接受不一样的口味。

2. 减少宝宝对妈妈的依赖

断奶前，要有意识地减少妈妈与宝宝相处的时间，增加爸爸照料宝宝的时间，给宝宝一个心理上的适应过程。刚断奶的一段时间里，宝宝会对妈妈比较黏，这个时候，爸爸可以多花一些时间陪宝宝玩，通常这个年龄段的宝宝注意力很好转移，只要玩开心了，不会一直盯着妈妈不放。对家庭其他成员的信任，会使宝宝减少对妈妈的依赖。

3. 培养宝宝良好的行为习惯

断奶前后，妈妈因为心理上的内疚，容易对宝宝纵容，但是一味的纵容容易养成宝宝的坏脾气。在断奶前后，妈妈可适当多抱一抱宝宝，多给他一些爱抚是必要的，但是对于宝宝的无理要求，不要轻易迁就，不要因为心软而养成宝宝的坏习惯。这时，需要爸爸的理智对妈妈的情感起一点平衡作用，当宝宝大哭大闹时，由爸爸出面来协调，宝宝比较容易听从。

4. 妈妈的生理和心理调适

退乳对大多数妈妈来说都有一定的痛苦，可以去医院打退乳针，但是有妈妈反馈打了退乳针，怀二胎后乳汁特别少，所以希望妈妈采用自然退乳的方法，不要用药物介入，每一位妈妈都是这样过来的，身体上的不适几天后就会消失。

妈妈在心理上也会出现不适，白天若在上班还好，晚上回家听到或看到宝宝因断乳而哭闹会不舍，甚至忍不住再次给宝宝喂奶，这是不可取的，也是造成退乳不成功的主要原因之一。建议妈妈可以出差一段时间，用工作来分散自己的思虑;若家庭中有外婆、奶奶可以带宝宝的话，可以让爸爸妈妈一起外出旅游一段时间，建议在一周左右比较合适，让大自然的风光分散妈妈的注意力，促使退乳成功。妈妈不要太“高估”自己在宝宝心目中的地位，宝宝毕竟还小，他还只是一个饭来张口、衣来伸手的孩子，只要满足他日常的需求，由长辈带一个星期，完全没有问题。

4.4 哺乳和退乳期的饮食

4.4.1 哺乳期间的饮食

1. 哺乳期应避免的食物

含咖啡因食物	如咖啡、巧克力、可可、可乐、茶等。如果妈妈长期饮用大量的咖啡因，可能造成宝宝躁动不安、睡觉不安稳
脂肪成分高的食物	包括肥肉、油炸食物以及只提供热量而无营养价值的食物，如糖果、巧克力、甜点、可乐、汽水等，以免造成体重上升太快
过咸或熏制食物	如腌肉、咸蛋、咸鱼、火腿、豆腐乳等，以免造成下肢水肿
刺激性调味品	如辣椒、胡椒、咖喱等重口味调味品，以免引起上火、便秘等
含酒精饮料	产后哺乳期间若饮酒，酒精也会经由母乳喂食宝宝，因此建议尽量不饮
烟	相信妈妈们不管是否哺乳，都不会在这个阶段抽烟，但是此处要提醒家庭成员，尽量不吸烟，至少在居室内不要吸烟。二手烟危害大，宝宝吸入二手烟会对呼吸道产生刺激与影响

2. 母乳期应多吃的食物

产后因应哺乳的需求，营养更不能少，在水肿消除以后，妈妈们要注意水分的摄取。

大豆食品	增加大豆食品对乳房健康大有裨益。因为，大豆和由大豆加工而成的食品中含有异黄酮，这种物质能够降低女性体内的雌激素，减少乳房不适。如果每天吃两餐含有大豆的食品，比如豆腐、豆浆等，将会对乳房健康十分有益
食用菌类	银耳、黑木耳、香菇、猴头菇、茯苓等食物，是天然的生物反应调节剂，能增强人体免疫能力，有较强的防癌作用。研究也显示，多吃食用菌类可为女性的乳房健康加分
海带	海带是一种大型食用藻类，对于女性来说，不仅有美容、美发、瘦身等保健作用，还能辅助治疗乳腺增生。研究发现，海带之所以具有缓解乳腺增生的作用，是由于其中含有大量的碘，可促使卵巢滤泡黄体化，使内分泌失调得到调整，降低女性患乳腺增生的风险，但是有淋巴结节的妈妈不要吃
坚果、种子类食物	种子、坚果类食物包括含卵磷脂的黄豆、花生等，含丰富蛋白质的杏仁、核桃、芝麻等，其中含有大量的抗氧化剂，可起到抗癌的作用。而且，坚果和种子食品可增加人体对维生素 E 的摄入，而摄入丰富的维生素 E 能让乳房组织更富有弹性。月子期间最好不要吃坚硬类食物，以免伤害牙齿
鱼类及海产品	黄鱼、甲鱼、泥鳅、带鱼、章鱼、鱿鱼、海参、牡蛎以及海带、海蒿子等，富含人体必需的微量元素，有独特的保护乳腺的作用，月子期间少吃寒性海产品，过了月子，在哺乳的时候可以正常食用
牛奶及乳制品	牛奶及乳制品中含有丰富的钙质，有益于乳腺保健
各色水果	葡萄、猕猴桃、柠檬、樱桃、柳橙、无花果等，在女性摄取多种维生素的同时，也获得抗乳腺癌的物质
蔬菜	蔬菜与主食合理搭配，不仅有利于身体健康，如果每天的饮食保证摄取足够的蔬菜，多食西红柿、胡萝卜、菜花、南瓜、黄豆芽、芦笋、黄瓜、丝瓜和一些绿叶蔬菜等，对维护乳房的健康很有帮助
谷类	经常食用谷类如小麦（面粉）、玉米及一些杂粮，均对乳房具有保健作用

4.4.2 退乳期间的饮食

一般建议妈妈们能够坚持母乳喂养 10 个月以上，一般子宫的恢复需要一定时间，而退乳食物多偏凉性，如果过早食用，对子宫恢复不利。退乳期间可以尝试

以下的食物：

1. 生谷芽 40 克，用水煎煮后喝水，一般两天就可见效。

2. 大麦茶 40 克，每天冲水泡着喝，几天就可以退乳。

3. 花椒 12 克，加水 500 毫升，煮至剩 250 毫升，加 30 克红糖，服用一次一般就可以缓解涨奶，3~5 次就可以退乳了。

4. 绿茶可在断奶期间代替开水，帮助退乳。

5. 韭菜炒田螺，可以帮助退乳。

退乳食物如下：

蔬菜类	苦瓜、生黄瓜、香菜、大蒜、韭菜、笋子、洋葱、绿花椰菜、菠菜、芦笋
水果类	香蕉、柿子、番石榴、葡萄柚、梨子、山竹
肉类	螃蟹、田螺
中药	生麦芽水、人参、薄荷、花椒、山栀、银杏
其他	柿饼、咖啡、菊花茶、绿茶、巧克力

第 5 篇

产后，小心抑郁来“敲门”

第5篇

产后，小心抑郁来“敲门”

5.1 产后抑郁的原因及应对

5.1.1 生理因素

妈妈们在妊娠、分娩的过程中，体内内分泌环境发生了很大变化，尤其是产后24小时内，体内荷尔蒙的急剧变化是产后抑郁症发生的基础。生育过程中的疼痛、害怕和惊慌；产后伤口的疼痛及全身虚弱乏力是产后抑郁症不可忽视的诱因。另外，乳汁过少时的担忧、乳汁淤积时的疼痛等都会加剧产后抑郁。随着生育环境的改良，由丈夫陪产也逐渐受到新妈妈们的欢迎，建议有条件的家庭可以选择陪产，由丈夫陪同妈妈生育，给予其鼓励和关怀，让新妈妈在心理上有所依赖，从而减缓生理上的疼痛。在生育过程中，可由丈夫或助产士喂一些功能性饮料和巧克力等高热量甜品，补充体力。

产后抑郁与生理变化造成的营养失衡不无关联，如果锰、镁、铁、维生素B_6、维生素B_2等营养素摄取不足，也会影响精神状态，因此妈妈们在产后要合理营养，切勿盲目节食。

5.1.2 心理因素

若孕期情绪不稳定或有经前期紧张、暴躁等综合症状者，易发生产后抑郁。产后抑郁的心理因素一般包括以下几方面：

1. 未做好“为人母”的心理准备

小两口不经意怀孕，并没有打算要孩子。工作刚刚起步，经济也刚刚稳定或者还处于入不敷出的状态，可是宝宝来得突然，在准备不足的状态下生育，压力、困扰、无奈所产生的不快乐，妈妈容易感觉疲惫、烦躁。

在这种情况下，妈妈要努力调整自己的心态，孩子的成长不一定需要靠金钱堆砌，最可贵的财富是爸爸妈妈的爱与陪伴，可以多跟长辈沟通，学习养育孩子的经验，陪孩子一起充实、简单地成长。

2. 心智未成熟或过于敏感

心智未成熟是指一些较年轻的女性，一直在父母的呵护下成长，刚走出校园或者刚工作不久，自己本身就像个孩子，突然要接受妈妈这个角色，有些无所适从。面对孩子的啼哭束手无策，甚至惊慌暴躁。这类妈妈需要意识到自己身上的责任，可以说是成长的一个阶梯，每个人都要经历“突然长大”，虽然有些难，有些辛苦，但是要靠自己改善心态，多学习，走过这个过程。

过于敏感的女性也是产后抑郁的高发人群，比如长辈的几句不经意的话、丈夫未及时响应自己的问题或要求，都会胡思乱想，并上升到“家里都围着孩子转，我已经不重要了”“大家都不关心我”“活着没意思”之类的偏激想法，易把自己逼进牛角尖，自己跟自己怄气，而身边的人还不知道原因。这类妈妈要多把问题说出来，不要放在心里，说出来多沟通，减少不必要的猜测和由这些猜测引起的矛盾。

3. 夫妻感情不佳，矛盾不断

夫妻的相处是漫长的过程，亲密却又最易发生口角。夫妻之间不像与父母，有着割不断的血水之情；也不像与朋友，大家平等相待，和睦相处，几个月见一次甚至几年才见上一次，觉得一直是知己，从未红过脸，也极少产生矛盾。夫妻虽无血缘，却朝夕相处，人最容易在最亲密的人面前爆发自己的脾气和缺点，所以夫妻之间很容易发生争执，尤其是生完孩子以后。生完孩子意味着两个人突然失去了很多自由，大部分的时间都围着孩子的吃喝拉撒，两个人都容易发火，指责对方。而女性在处理自己的情绪方面，明显要弱于男性，男性可能吵完架一会儿就忘记了刚刚盛怒时说过的话，而女性（尤其是新妈妈们）却一直耿耿于怀。有很多妈妈甚至产生了“为孩子才在一起”的念头，变得特别消极，抑郁的情绪不断扩大。

建议在女性生完孩子的一年内，丈夫可以多照顾女性的弱点，生活中多一些担待，比如多干一些家务，晚上牺牲一些睡眠多哄哄孩子，也多关心一下自己的爱人，让新妈妈顺利度过这个时期。而新妈妈们也要学会换位思考，不要动不动就摆脸色、家庭冷暴力。一段婚姻的促成，必然是有着感情基础的，你们之间一定有过很多甜蜜的时刻，他也一定做过很多让你感动的事情，在抱怨对方的时候，怀疑婚姻的时候，不妨多想一想你们是怎么走到一起的，再想一想你们共同的理想。

世上没有完美的爱人，如果可以“像对待孩子一样对待你的爱人”，想必很多矛盾都可以迎刃而解。

4. 婆媳关系不和，家庭问题大

婆媳关系一直是婚后的一大难题，自古婆媳能够相安无事，像母女一样相处的少之又少，每个家庭的情况都不一样，但是将心比心，没有绝对的“恶婆婆”，多去体会婆婆爱儿子的心，也多将婆婆的身份用妈妈替换，如果是自己妈妈说了这句话或者做了这件事，是不是就是稀松平常的一件事情？而换了婆婆去说、去做就觉得是不怀好意、干涉你的生活呢？

多数的情绪都是因为自己的揣测和敌对的心理所产生的，希望妈妈们多换位思考，也多放宽心。不中听的话入耳即过，不要入心。也许婆婆和我们的生活方式、消费理念都不一样，但是这些毕竟都是生活琐事，不要让琐事影响了原本幸福安稳的生活，也不要让自己纠结于这些琐事郁郁寡欢。

女人间的斗争总是最难调和，所以希望妈妈们多体谅长辈，用谦卑的心去接受她、宽容她，如果实在遇到特别凶悍、不讲道理的婆婆，可以采取“惹不起躲得起”的想法，避让并不是示弱，也是一种技巧。

5. 忧虑孩子健康

有一个词语“杞人忧天”可以很好地形容这个阶段妈妈们的心态。有些妈妈想法特别多，一空下来就会胡思乱想，孩子黄疸、湿疹、脱皮等都会引起不安，而这些不过是新生儿的普遍问题而已，过了这个阶段就会痊愈，况且现在医疗条件比较发达，医院也会有相应的措施来应对，妈妈们无须多虑。

在一些产后抑郁的报道中，不乏扼杀孩子，带着孩子一起跳楼的报道。分析指出，这些妈妈之前就产生“孩子来到这个世上，以后要受很多苦，以后太辛苦怎么办”的想法，所以偏激地去结束孩子和自己的生命。生命是自然的规律，人都有生老病死，但是人生繁花似锦、苦乐参半，妈妈们要有积极的心态，努力为孩子创造一个更好的条件，让其健康快乐成长，而不是为孩子的未来担忧，甚至不断放大这些忧虑，造成严重的后果。

6. 生活经济压力

有一句古话——“贫贱夫妻百事哀”不无道理，经济的确是决定上层建筑的基础，在日常生活中，因为经济压力引发的家庭矛盾和问题不在少数，但是如果此刻的你正在遭遇这个问题，你有没有想过怎样去改变目前的生活状态呢？笔者觉得有一句话说得很对，“穷人说，我不能去上班，因为我有孩子。富人说，我要去上班，因为我有孩子。”衔着金汤匙出生的人毕竟还是少数，多数的家庭都是平凡的家庭，过着普通的生活，每个人都在努力为了所爱所在乎的人工作、赚钱，因此希望妈妈们正确看待经济压力，化压力为动力，不要陷在忧虑甚至妒忌的情绪里无法自拔。

5.1.3 其他因素

1. 本身精神病史

有精神病家族史，特别是有家族抑郁症病史的产妇，产后抑郁的发病率较高，这说明了家族遗传可能影响到产妇对抑郁症的易感性。如果有家族病史，建议家庭成员多关注产妇的情绪，不要留产妇一个人照顾孩子，多花一些时间陪产妇，多进行沟通，有必要的话，也可以一起去咨询心理医生，看看产妇是否有抑郁的倾向，及时关注产妇情绪的变化。

2. 孩子性别压力

一些家庭受传统封建意识的影响存在重男轻女的思想，延续家业、传宗接代可能在孩子爷爷奶奶的思想中更加强烈。而很多产妇因为家庭对婴儿性别的在意，造成心理压力大，敏感，因而爱生闷气，不能冷静思考面临的问题往牛角里钻，这种状态若长期无法改善，就会成为引起产后抑郁症的危险因素。

孩子是彼此生命的延续，不要因为他人的想法而左右了自己作为家长的正确心态。新爸爸遇到这类情况，要扮演好“儿子、丈夫、爸爸”的角色，多与自己的父母沟通，多宽慰妻子，多照顾孩子，减轻新妈妈的心理压力。

3. 不良的分娩结局

死胎、畸形儿及产妇堕胎是产后抑郁症的诱发因素。遇到不良的分娩结局，家庭其他成员一定要多关注产妇的变化，多花时间和产妇交流，用比较健康、积极的态度关怀产妇。切勿让悲伤的情绪笼罩整个家庭，让产妇在承担失去胎儿的痛苦之时，还要背负沉重的来自家庭的无形压力。

5.2 预防产后抑郁症

产后抑郁情绪检查表

新手妈妈常见问题	是	否
1. 心情常常很低落，对任何事都失去兴趣	□是	□否
2. 当犯了小失误、小缺失时，会有罪恶感	□是	□否
3. 没有食欲，体重下降	□是	□否

（续表）

新手妈妈常见问题	是	否
4. 没有办法思考事情，很爱胡思乱想	□是	□否
5. 沮丧到有“结束生命”的念头	□是	□否
6. 入睡困难，总是失眠，且容易惊醒或早醒	□是	□否
7. 对于性爱，提不起任何兴趣	□是	□否
8. 不知道为什么总是觉得很疲惫	□是	□否
9. 全身不舒服，一直出现不明的疾病症状	□是	□否
若 1~2 项中出现 1 个以上的【是】，3~9 项中出现 4 个以上的【是】，且症状皆持续 2 周以上，影响生活，就可能罹患产后抑郁症		

当产后出现情绪抑郁的状况，一开始容易造成焦虑、恐惧及无助感，当情绪表达发生越来越严重的低落感时，基本上自我情绪难以控制，这些产妇若无法在适当的时间得到安慰和治疗，还会加重病情。

5.2.1 调整情绪

舒解情绪的方法很多，有些人会痛哭一场，有些人会找三五好友诉苦一番，有些人会听音乐、散步。切忌以喝酒的方式来消解、甚至有自杀的意念，这些对自己对家人都是很大的伤害。要提醒妈妈们，舒解情绪的目的在于给自己一个理清想法的机会，也让自己更有能量去面对未来。如果舒解情绪的方式只是暂时地逃避痛苦，之后需承受更多的痛苦，则不是恰当的舒解情绪的方式。

1. 体察自己的情绪

当察觉到自己容易三番两次的不快，感到莫名的生气，一定要学会体察自己的情绪，做最好的理解及恰当的处理。许多人认为：“不应该有情绪”，所以产妇在坐月子期间不肯承认自己的负面情绪影响了生活，甚至影响了照顾宝宝及对家人的态度。产妇要随时注意自己是否有压抑情绪或莫名其妙的脾气，承认自己偶尔的弱点，尽早克服。

2. 创造健康的产后恢复环境

当产妇从医院回家时，要限制亲戚朋友到家中或月子中心看望。关掉所有联络电话，为自己创造一个安静、闲适、健康的休养环境，如果恢复体力期间没有好好休息，对情绪会有负面的影响。

3. 适度运动，保持愉快心情

做适量的轻便家务和柔软的体育锻炼，不但可以转移产妇的注意力，还可以放松情绪，不再将注意力集中在宝贝或者烦心的事情上，还可以使体内自发地产生快乐的元素，使产妇的心情从内而外地快乐起来。千万不要用传统的方式来看待新妈妈——如不能下地、不能出门、不能工作，连电视、书报也不能看，这些都会使新妈妈感觉生活乏味、单调而加剧不良的情绪。

4. 珍惜睡眠机会

新妈妈要学会创造各种条件，让自己睡个好觉。有时候就算半个小时的睡眠也能给自己带来好心情。因为小宝宝的睡眠时间是捉摸不定的，当宝宝安然入睡时，妈妈不要浪费时间，要抓紧时间休息，哪怕只是闭目养神、眯着眼睛也是不错的休息方式。

5. 自我反省，控制情绪

一旦心里有不舒服的感觉，要勇敢面对，仔细想想为什么这么难过？这么生气？我可以怎么做才能舒缓情绪上的负能量？怎么做才可以减少我的不愉快？多思考一下自己的问题，这么做会不会带来更大的问题。从这些角度来选择适合自己而且又能有效舒解情绪的方式，慢慢地会发觉控制情绪也不是那么难。总之，若是有短期情绪低落是正常现象，女性从怀孕到生育，身体机能或角色扮演都起了大变化，再加上环境、心理等因素，很难避免压力来袭。新妈妈要正视压力，经常自我思考反省，做情绪的主人。

6. 换位思考，互相理解

因为新添了小宝贝，新爸爸也许会因为生活上的改变觉得不习惯，也许会感到压力很大，也许会更勤奋工作，所以新妈妈要理解丈夫的辛苦和对家庭、儿女的奉献，千万不可认为只有自己最辛苦、最劳苦功高。在夫妻之间若有不同的理解和想法，要先把彼此的不满放在心里，多换位思考，好好理解产后身体的变化与照顾宝贝的辛苦，获得有平衡点的沟通与改进，不能因各自只考虑自己的片面想法而让情绪影响自己的健康及生活。

7. 别人的帮助与自己寻求帮助

新妈妈的家人不能只顾着沉浸在增添宝宝的快乐之中，而忽略了新妈妈的心理变化。一方面家人要多陪陪新妈妈说话，长辈聊天时要告诉新妈妈更多照顾婴儿的经验，避免其手足无措，紧紧张张过月子；另一方面，新妈妈自己要学会寻求丈夫、家人和朋友的帮助。在这个时候大家都愿意帮助新妈妈，只要妈妈愿意说出来，都会有很好的解决方式。

8. 做自己喜欢的事

当产生忧郁情绪以后，新妈妈要学会转移注意力，比如可以找一些自己喜欢做的事情，如看看时尚杂志、听一些轻松的音乐，也可以学学插花、烘焙等，让自己置身比较舒缓的生活节奏里，当做出一些成品以后，妈妈也能得到满足感，从而忘却烦恼。

9. 找心理医生帮忙

据统计，有 10%~20% 的产妇会出现产后抑郁现象。产后出现情绪低落属于正常现象，但若反应过于严重，如食欲减退或暴食、思想灰色、夜晚失眠、哭笑无常，产生幻觉甚至轻生的念头，且持续 1 周以上，建议去寻求专业的心理医生的帮助。

在产后 4~5 天，半数以上的产妇会出现心情低落、情绪易起伏、疲倦、焦虑、失眠等症状，通常 2 周后，这些状况会自动消失。当心情愉快时，生理的复原状况会比较良好。为了健康着想，家人应该多给予产妇心理支持，使其维持良好情绪。

5.2.2 对抗情绪低落的方法

新妈妈们要找到对抗自己低落情绪的方法，可以转移自己的注意力，做一些自己喜欢的事情。

1. 阅读疗法

目前市面上有很多适合新妈妈看的书，如食谱、心灵鸡汤读本、轻松的漫画本等，可以舒缓妈妈们急躁或者不安的心。不推荐妈妈们在情绪低落期看特别富有人生哲理或者是揭露社会阴暗面的书籍，以免让自己的情绪更加灰暗。

2. 音乐疗法

音乐是人类的“好朋友”，在怀孕的时候，妈妈课堂里应该就教授过让妈妈们给宝宝进行音乐胎教，音乐可以让宝宝感到愉悦和轻松，当然也可以让妈妈们放松自己。建议妈妈们听一些诗情画意、轻松幽雅和抒情性强的古典音乐和轻音乐。

3. 芳香疗法

女人的魅力有很多种，而会用香装饰自己生活的人毕竟是少数，现在比较流行芳香理疗，芳香疗法是比较有“门道”的功课，本书不作阐述。建议妈妈们买一两种天然无害、自己比较喜欢的香料，放在家中，淡淡的香味会让妈妈们在潜移默化中保持好的心情。也可尝试可以嗅吸的精油，在自己情绪特别低落的时候尝试闻精油的香味，浅吸深呼。

另外，妈妈们也可以尝试做一些自己比较喜欢的事情转移注意力，比如做甜点烘焙、插花、画简笔画、写毛笔字等，让自己在积极的尝试中远离低落情绪。

5.2.3 减缓产后抑郁症的饮食疗法

1. 产后抑郁饮食禁忌

（1）避免富含饱和脂肪的食物，尤其是油炸食物，例如汉堡、薯条，容易让人发胖，且食后易感觉疲劳。

（2）辛辣腌熏食物忌过量，这类刺激性食物易引起妈妈的便秘、内分泌失调，如果在哺乳期，也会影响奶质，容易引起宝宝的湿疹。因此建议新妈妈们要学会忌口，饮食尽量清淡。

（3）提神饮品。类似咖啡、茶、可乐类饮品，不可摄取过多，尤其是在晚间临睡前。否则易导致失眠和头痛，而失眠是抑郁症的主要诱因之一。

（4）避免长期素食。很多人认为素食是养生的开始，但是根据个人体质不同，素食并不适合每个人。有些人认为养生就是素食，每天每顿饭都是青菜和主食，绝不吃任何肉类、海产品等是片面的健康观念，殊不知长此下去会增大罹患抑郁症的风险。

2. 缓解产后抑郁的食物

（1）香蕉。香蕉中含有一种称为“生物碱”的物质，可以振奋人的精神，增加信心。而且香蕉是色胺酸和维生素 B_6 的来源，都可帮助大脑制造血清素。

（2）葡萄柚。葡萄柚里高量的维生素 C，不仅可以维持红细胞的浓度，使身体有抵抗力，而且维生素 C 也可以抗压。最重要的是，在制造多巴胺、肾上腺素时，维生素 C 是重要成分之一。

（3）樱桃。樱桃被称为“自然的阿司匹林”，因为樱桃中有一种称为花青素的物质，能够制造快乐。美国密芝根大学的科学家认为，人们在心情不好的时候吃 20 颗樱桃比吃任何药物都有效。

（4）南瓜。南瓜之所以和好心情有关，是因为它们富含维生素 B_6 和铁，这两种营养素都能帮助身体所储存的血糖转变成葡萄糖，让人心情愉悦。

（5）低脂牛奶。牛奶的摄入更容易使人感到快乐，不容易紧张、暴躁或焦虑。而日常生活中，钙的最佳来源是牛奶、酸奶和奶酪。

（6）全麦面包。碳水化合物可以帮助血清素增加，麻省理工学院的研究人员就说：“有些人把面食、点心这类食物当作可以吃的抗忧郁剂是很科学的。”

（7）菠菜。菠菜含有丰富的叶酸，缺乏叶酸会导致脑中的血清素减少，导致忧郁情绪。

（8）大蒜。大蒜虽然会带来不好的口气，却会带来好心情。焦虑症患者吃了大蒜后，感觉比较不那么疲倦和焦虑，也不容易发怒。

3. 食谱推荐

在生活中吃的方法很简单；粗粮、全麦、麦芽、核桃、花生、马铃薯、大豆、葵花子、新鲜绿叶蔬菜、海产品、蘑菇及动物肝等食物，含有以上多种缓解紧张与忧虑情绪的营养素，大家可以多吃一些，它们可以帮助产妇解压找回轻松、快乐的情绪，远离产后抑郁。下面简略介绍3道减缓忧郁症的饮食疗法供大家参考。

食谱一：小炒虾仁

食材：鲜虾仁300克、西芹2根、白果仁少许、杏仁少许、百合少许、姜3片。

调味料：盐、油、太白粉少许。

做法：

1. 西芹切成小段，与白果仁、杏仁、百合等一同先用开水烫一下，备用。
2. 虾仁洒上少许太白粉拌匀，并放在油锅里过一下油。
3. 锅中放少许油，放入姜片，再将过油的虾仁及烫过的西芹等一同拌炒，加上少许盐调味即成。

营养小秘密：

可以多准备几种配料与虾仁一起炒，让来自海洋的营养变得更丰富。

食谱二：桃仁鸡丁

食材：鸡肉100克，核桃仁25克，黄瓜25克，葱1根切段，姜2片。

调味料：糖、酱油、太白粉少许。

做法：

1. 鸡肉切成丁，用调味料拌匀备用。
2. 黄瓜切丁，葱、姜切好备用。
3. 核桃仁去皮炸熟。
4. 锅内油烧热，先将调味好的鸡丁入锅滑熟，捞出沥油。

5. 原锅将葱、姜煸至香，再下鸡丁并调味，最后放桃仁，然后勾芡装盘即成。

营养小秘密：核桃仁是产后妈妈最该重视的一种坚果，其中含有很多抗忧郁营养素。只不过生食时涩口，裹糖又增多能量。但如果把它做到菜里，就会具有酥、香、咸、鲜各种风味，与鸡丁和黄瓜搭配起来相得益彰。

食谱三：香菇豆腐

食材：水发香菇 75 克、豆腐 300 克。

调味料：糖 10 克、酱油 20 毫升、胡椒粉 0.5 克、黄酒 8 毫升、太白粉少许、水 1 碗。

做法：

1. 豆腐切成块状，香菇洗净去蒂。

2. 炒锅上火烧热油，逐步下豆腐，用文火煎至一面结硬壳，呈金黄色。

3. 烹入料酒，下入香菇，放入所有调味品后加少许水，用大火收汁、勾芡，翻动后出锅。

营养小秘密：现在香菇虽然不再稀缺、珍贵，但其中的营养并未贬值，它含有丰富的锌、硒、B 族维生素，加上豆腐中的蛋白质和钙，会使这道菜的营养很完善，有助于孕产妈妈摆脱郁闷心情。

第 6 篇

时尚妈妈，我们可以这样做

第6篇

时尚妈妈，我们可以这样做

6.1 产后轻盈纤体

6.1.1 树立正确观念，坚持母乳喂养

一般来说，产后4个月是新妈妈瘦身的黄金期。许多妈妈因身材大不如前而懊恼，于是想通过节食来达到瘦身的目的，这不仅会导致新妈妈身体恢复慢，严重的还有可能引发产后各种并发症。

很多妈妈生了宝宝后，怕影响乳房的美观，不给孩子喂奶。岂不知母乳喂养既能满足宝宝的营养需求，又可以大量消耗自身的热量，有利于形体的恢复。

6.1.2 合理调整饮食

产后的饮食搭配对于瘦身的顺利进行，有着至关重要的作用。我们不建议妈妈们用节食的方式达到瘦身的效果，提倡健康饮食，合理搭配。要保证小宝宝和新妈妈营养摄入充分，饮食中必须含有丰富的蛋白质、维生素、矿物质，如鱼、瘦肉、蛋、奶、水果和蔬菜。

新妈妈应尽量食用不饱和植物油，油量越少越好，含高油脂的色拉酱、花生酱都是容易发胖的食物，新妈妈最好少吃。新妈妈应食用适量的乳制品，但应注意尽量选用低脂、脱脂奶，而不宜选取炼乳、调味乳。甜点、零食对想要减肥的新妈妈来说同样也不太适合，尤其是蛋糕、巧克力，热量特别高，应适当控制。

6.1.3 适当运动

产后健身的信念一旦树立，不要轻易打破自己的心理防线，不可“放纵”。一方面不能半途而废，贪吃贪睡；另一方面也不要急于求成，有时候扎进健身房一呆就是几小时。一定要心态平和地面对产后减肥。

1. 避免剧烈运动

为了快速瘦身，许多产妇产后立即进行剧烈运动减肥，这很可能影响子宫的康复并引起出血，严重时还会使生产时的手术创面或外阴切口再次遭受损伤。别忘了进行运动之前，事前的热身运动与事后的缓和运动必不可少。

2. 选择轻、中等强度的有氧运动

有氧运动有极佳的燃脂效果，包括慢跑、快走、游泳、骑脚踏车、有氧舞蹈等，且进行的时间至少要 15 分钟以上，若要有效燃烧脂肪，应持续进行 30 分钟以上。这样有利于减重，并能有效防止减重后出现反弹。

3. 月子期间适量腹部呼吸运动

女性生产后，肚皮肌肉在慢慢地回缩，而要做的就是帮助它的回缩。如果备孕前锻炼过腹部肌肉，这时的肌肉还是比较有力量的。产后约半个月，可以平躺在床上，做腹部深呼吸，每天坚持，效果很好。出了月子后，坚持每天早晚做 50~100 个仰卧起坐，也会有很好的效果。

4. 挑选合适的塑身内衣

产后塑身内衣一般有很多种，这些内衣的材料和设计分别适合不同身体状况、不同恢复阶段的妈妈。而对于刚刚生产完的妈妈来说，由于身体尚未恢复，建议选择含棉在 80% 以上的产品，因为这类产品不会刺激皮肤，而且还有收胃护腹功能，可以防止妈妈产后着凉。

而对于出了月子、身体复原很好的妈妈，也既可以继续使用棉质塑身衣产品，也可以选择前述提到的热能腹护带。

塑身内衣以自己感觉舒适为准，可以长久穿着，在不知不觉中塑身。

5. 条件允许的话，可以早点回归工作

女性居家最易发胖，工作是瘦身的途径之一。受环境影响，工作周围都是漂亮妈妈，在思想上有了压力，自然就有了动力。忙碌的生活和周围的环境，让妈妈们不得不爱美，这样瘦起来就相对容易。

6.2 女性生理调理

女性的一生有三个健康关键期：月经来潮时、怀孕生产时与停经更年时。很多女性有痛经、月经不调的问题，在怀孕生产后，也是一个调理的关键时期。

不少女性在月经来潮的前几天（月经前期）会有一些不舒服的症状，如抑郁、忧虑、情绪紧张、失眠、易怒、烦躁不安、疲劳等。一般认为，这与体内雌激素、孕激素的比例失调有关。

女性在生理期期间应该对自己的健康多加重视，增加对自己身体的了解，根据身体的需要，掌握食补方法，并确实纳入日常生活，定能够祛病调息、转弱为强，再造健康体质。通常，生理期调养食谱连续吃一个月才可见成效，本书碍于篇幅有限，仅提供部分料理作参考。

生理期调养食谱

补气主食	养生主菜	高纤蔬食	调养炖品	甜汤（点）	饮品
红枣小米粥	小鱼干炒蛋	杏鲍菇炒绿花椰	★美颜薏仁炖排骨	★绿豆薏仁汤	★舒缓痛经玫瑰茶
小鱼香菇粥	香烤鲑鱼	菠菜炒豆皮	瑶柱凤爪炖排骨	★花生桂圆甜汤	养生十二茶
红豆紫米粥	★清炖牛腩汤	银鱼苋菜	★台式姜母鸭	南瓜桂圆糕	玫瑰四物茶
红豆紫米粥（黑糯米）	麻油猪肝	南瓜炒肉片	四物乌鸡汤	燕麦芝麻糊	★东洋参茶
安神干贝糙米粥	腰果虾仁	胡萝卜炒白花椰菜	白果枸杞炖鸡汤	巧克力杏仁饼	★黑糖桂圆枸杞姜茶
补血桂圆紫米粥	银芽炒鸡柳	★西芹炒百菇	强筋健骨牛肉汤	甜薯芝麻糊	
★香菇鸡丝粥	南瓜炒肉片	枸杞炒卷心菜	四神弹力猪手汤	山药红豆汤	
★鸡茸玉米粥	栗子烧鸡腿	酱烧芦笋豆腐	黑豆炖排骨		
美肤薏仁猪肉粥	★黄芪鱼头烧		养肾牛腩汤		
	咖喱鸡肉		★麻油乌鸡汤		

注：“★”料理有制作方法。

补气主食

香菇鸡丝粥

材料：

白米 90 克、干香菇 3 朵、鸡胸肉 100 克、竹笋 1/2 个（去头后约 150 克）

调味料：

盐少许

做法：

1. 材料洗净，鸡胸肉切丝，滚水汆烫捞出；香菇泡软切丝；竹笋去皮切丝；白米泡水 30 分钟。
2. 在泡水的白米中加清水 800 毫升入锅煮 30 分钟，然后加鸡肉丝、香菇片和笋丝，转小火煮 10 分钟至米熟烂。
3. 加入盐调匀。

功效：

香菇可增强细胞免疫功能；鸡肉富含维生素 B 群，可消除疲劳。此粥品可改善虚弱体质，增强免疫力。

鸡茸玉米粥

材料：

罐装玉米半罐、鸡胸肉 30 克、小米 50 克

调味料：

盐少许

做法：

1. 将鸡胸肉切成小粒，小米洗净，灌装玉米打开，备用。
2. 小米、玉米放入锅内，加清水 800 毫升煮 30 分钟。再加入鸡粒转小火续煮 10 分钟。
3. 加盐调味即可。

功效：

小米养胃益气，鸡肉富含优良蛋白质和矿物质。此粥品可消除疲劳，促进消化，具滋补功效。

养生主菜

清炖牛腩汤

材料：

牛腩 150 克，老姜 4 片，胡萝卜 50 克，白萝卜 50 克，葱 1 根

调味料：

油适量、盐少许

做法：

1. 牛腩切块，以滚水汆烫后，捞出洗净备用。
2. 油倒入锅中，爆香姜片，加入牛腩块及萝卜搅拌 3~5 分钟。
3. 加清水 1000 毫升，以小火煮 40 分钟，最后加盐调味，撒上葱。

功效：

牛腩有丰富的铁质与蛋白质；白萝卜含大量膳食纤维，有助于肠胃蠕动。此料理可改善生理期头晕、无力和便秘的状况。

黄芪鱼头烧

材料：

黄芪 30 克、当归适量、枸杞 5 克、鱼头 1 个、姜 4 片、大蒜 25 克、葱 15 克

调味料：

盐少许、米酒适量

做法：

1. 材料洗净，鱼头洗净。
2. 黄芪铺在内锅底，依序放入鱼头、姜片、大蒜、盐、葱、米酒、枸杞，再加清水 600 毫升。
3. 外锅倒入清水 200 毫升，蒸熟。

功效：

黄芪可补气、固表，当归有补血和调节子宫收缩的作用，鱼头含钙、磷、铁、维生素 A、维生素 B 群。此料理能补气血，有利于产后恢复体力。

高纤蔬食

西芹炒百菇

材料：

西芹100克，杏鲍菇、草菇、鸿禧菇各50克

调味料：

橄榄油、醋、米酒、酱油适量

做法：

1. 西芹洗净切条；杏鲍菇、草菇、鸿禧菇切掉尾部，洗净切小片。
2. 热锅加油，放西芹炒熟后，加入3种菇类炒。
3. 炒香后，加入米酒、酱油、醋，炒匀后熄火即可。

功效：

此道料理的热量极低，口味清淡，容易消化，很适合生理期期间食欲较差时食用。月经次数频繁、经血量较多、易感冒者，也能食用此料理滋润会阴，提升免疫力。

调养炖品

美颜薏仁炖排骨

材料：

薏仁50克、青木瓜80克、排骨250克、白术10克、芡实10克

调味料：

盐少许

做法：

1. 排骨放入滚水汆烫，捞起洗净沥干。
2. 青木瓜削皮去籽，洗净切块；药材放入纱布袋中，药材包洗净沥干备用。
3. 排骨、薏仁、青木瓜及药材包放入锅，加清水1000毫升大火煮沸，转小火续炖40分钟。
4. 加盐调味即成。

功效：

薏仁能美白肌肤，淡化黑斑；白术能活化经络，去湿气，利尿，让肌肤富有弹性；芡实含醇类、糖类，能增强免疫功能，降低血糖，抑制细胞癌变，是女性生理期最佳食品，能提振体力，改善虚弱。

台式姜母鸭

材料：

鸭1/4只、姜1段、当归3克、川芎5克、黄芪3克、枸杞10克、红枣5颗

调味料：

盐适量、麻油20克、米酒50毫升

做法：

1. 鸭肉剁块，放入滚水汆烫，捞起洗净；姜洗净切片；各药材洗净放入纱布袋中，备用。
2. 鸭肉、姜片、药包放入锅中，加清水1000毫升以大火煮沸，转小火续炖40分钟。
3. 加盐调味即可。

功效：

此汤品能刺激肝气循环，快速代谢体内毒素，避免由于废物堆积造成容易疲劳、睡眠质量差、情绪不稳定及肩颈疼痛等现象。

调养炖品

麻油乌鸡汤

材料：

乌鸡半只（约250克）、老姜1段、枸杞10克

调味料：

盐少许、麻油20克、米酒50毫升

做法：

1. 乌鸡剁块洗净，拭干；老姜洗净，拭干，拍裂切片。
2. 炒锅加麻油，放入姜片以中小火爆至微焦。
3. 先将鸡块炒匀，加入枸杞，倒入米酒50毫升、清水1000毫升以大火煮沸，转小火续炖40分钟即可。

功效：

麻油乌鸡是最基本的滋补汤品。乌鸡补虚强身，活血补血；爆焦的老姜能温暖子宫，调经理带，改善经痛、崩漏；麻油可润肠、养血，是女性生理期不可缺少的炖品。

甜汤（点）

绿豆薏仁汤

材料：

绿豆 80 克、薏仁 50 克

调味料：

冰糖 30 克

做法：

1. 绿豆、薏仁泡水 4 小时。
2. 清水 800 毫升煮沸，加入绿豆和薏仁，以小火煮 30 分钟到熟软。
3. 加糖调味。

功效：

材料含铁、钙、维生素 B 群，可改善肌肤，有养颜美容、美化体态效果，非常适宜女性作为点心食用。

花生桂圆甜汤

材料：

去皮花生 100 克、干桂圆 10 克

调味料：

冰糖 30 克

做法：

1. 花生洗净，加入清水 600 毫升煮沸，转小火煮 40 分钟后，放入桂圆一起煮 5 分钟。
2. 加糖调味。

功效：

花生益气、健脾、富含油脂和维生素 B_2，塔配桂圆可以养血安神。

饮品

舒缓痛经玫瑰茶

材料：

红枣 8 颗、枸杞 5 克、玫瑰花 20 克

做法：

1. 所有材料洗净，放入锅中。
2. 将滚水 600 毫升倒入锅中，熬煮 10 分钟后去渣，即可饮用。

功效：

生理期情绪容易暴躁者，可以饮用此茶安定情绪。生理期间有腹痛、水肿者，也能饮用此茶疏气调经、减缓不适。

东洋参茶

材料：

东洋参

做法：

东洋参切片，倒入热水冲泡后饮用。

功效：

味甘、性微凉，可调节身体机能，增强体力，促进新陈代谢，是女性保持青春美丽的饮品之一。

饮品

黑糖桂圆枸杞姜茶

材料：

枸杞 10 克、桂圆 40 克、姜 6 片

调味料：

黑糖 30 克

做法：

1. 枸杞、桂圆洗净沥干。
2. 热锅加水 600 毫升，水煮滚后，放入姜片、桂圆。煮至桂圆熟透后，加入枸杞续煮 1 分钟。
3. 最后加黑糖调味即可。

功效：

生理期容易发生腹部闷痛或受寒的情形，饮用此茶可让热性的姜促进血气顺畅，排除体内虚寒，改善经血不顺引起的痛经。

注：市面上有售浓缩块，携带方便，冲热水即可。

6.3 女性美胸丰胸

怀孕后女性受体内荷尔蒙的影响，乳房明显变大，此时乳房表面的皮肤也会被撑开。生产后，荷尔蒙量降低，若没有哺乳或者是哺乳期结束后，由于脂肪及乳腺组织快速减少，导致已被撑大的乳房表皮在内容物减少的情况下无法恢复到生产前，致使产后女性乳房松弛、下垂、变形，大大影响了女性体形的曲线美，因此，产后对胸部的护理也非常重要。

目前，产后的胸部护理主要有按摩、食疗、药物、整形等方法，前两项比较安全，虽然效果不会立竿见影，但是相对于后两项来说，更适合普通家庭。

6.3.1 按摩护理

保健按摩是采用按摩胸部、乳房的办法来增大乳房，保持乳房的弹性。此法方便有效，具体操作方法如下：

1. 直推乳房：先用右手掌面在左侧乳房上部（即锁骨下方）着力，均匀柔和地向下直推至乳房根部，再向上沿原路线推回，做 20~50 次后，换左手按摩右乳房 20~50 次。

2. 侧推乳房：用左手掌根和掌面自胸正中部着力，横向推按右侧乳房直至腋下，返回时用五指指面将乳房组织带回，反复 20~50 次后，换右手按摩左乳房 20~50 次。

3. 热敷按摩乳房：每晚临睡前用热毛巾敷两侧乳房 3~5 分钟，用手掌部按摩乳房周围，从左到右，按摩 20~50 次。

只需按上述方法每天按摩 1 次，坚持按摩 2~3 个月，可使乳房隆起。

另外，吹气球也能起到一定的丰胸效果。平时注意站立和行走姿势，经常保持挺胸收腹。参加游泳运动特别有助于双乳健美。

相关链接

正确佩戴调整文胸

调整文胸对于产后妈妈来说，能对调整胸部曲线起到一定的作用，掌握正确的佩戴方法非常重要，总结为要会“拨肉”。

第一拨：拨背部肉

右手先从胸前穿过左肩带，伸到背后的内衣后背带里，摁住背部的肉，把背部的肉慢慢往前拨，拨进罩杯里，以肩带将推挤的肉固定。

第二拨：拨上臂肉

把左手臂举起，让你的“蝴蝶袖”呈最自然最放松的状态，同样是右手先在前胸穿过左肩带，从腋下伸出，握住左手手肘后（尽量握到），慢慢顺着左臂往腋下方向拨，拨到腋下时，同时用左手扶住罩杯连接左肩带的位置，右手再往罩杯内拨。

第三拨：拨肚子肉

右手按住左边肚子上的肉，轻轻往上推，推到罩杯下方后会挤成一条“车胎”，右手继续把“车胎”推进罩杯里，最后从内衣领口位置伸进罩杯内再把罩杯内肉的位置调整一下，就大功告成了。右边的罩杯用同样的方法。

6.3.2 饮食调整

胸部按摩护理再配以合理的营养饮食，会有让人惊喜的效果。许多爱美妈妈减肥后发现该减的地方没减下去，不该减的胸部却变小了。原因就是只顾一味减肥，却没有注意补充营养。丰胸的食品很多，如木瓜、花生、酒酿蛋等，下面介绍一些丰胸塑身的食谱，供妈妈们参考。

丰胸塑身特效食谱

补气主食	养生主菜	高纤蔬食	调养炖品	甜汤（点）	饮品
★福圆糯米粥	★蛤蜊炒青菜	草菇烩青菜	★养生乌鸡汤	★蜜糖黑豆	桂圆枸杞茶
小鱼香菇粥	鲑鱼丝瓜炒蛋	★银鱼红苋菜	青木瓜炖猪手	蜜枣桂圆炖木瓜	大枣茶
花生鸡丝粥	★海鲜豆腐	卤咸蛋四季豆	黑豆炖排骨	黑糖桂圆汤	★黑糖桂圆红枣茶
红豆薏仁粥	九层塔烧鸡腿	莴苣炒豆干	★补气牛尾骨	★黄豆花生甜汤	★枸杞调理茶
桂圆糯米粥	海带烩牛筋	★胡萝卜炒蛋	黄豆当归炖牛腩	山药红豆汤	东洋参茶
★红豆紫米粥	虾仁炒蛋	蘑菇烩花椰	凤爪炖排骨	甜薯芝麻糊	滴鸡精
百菇粥	★黑豆炖猪手	青木瓜炒牛肉	麻油乌鸡汤		
	腰果炒虾仁		花生炖猪手		

注：“★”料理附有制作方法。

补气主食

福圆糯米粥

材料：

糙米20克、白糯米20克、大米50克、干桂圆20克

调味料：

黑糖或冰糖30克

做法：

1. 将糙米、白糯米洗净，用水泡软，滤去水分。
2. 将糙米、白糯米、干桂圆加清水600毫升放入电锅内锅，外锅加清水200毫升，按下按键煮至熟。
3. 掀开锅盖加入糖拌匀。
4. 盖好锅盖，续焖10分钟即可。

功效：

桂圆具有安神补血、宁心功效。

红豆紫米粥

材料：

红豆50克、紫米30克、圆糯米30克

调味料：

黑糖或冰糖30克

做法：

1. 所有食材洗净；紫米、圆糯米分别用清水浸泡3小时，捞出沥干。
2. 汤锅加清水800毫升煮滚，放入紫米、圆糯米，以大火边煮边搅拌，避免粘锅。
3. 煮至紫米和圆糯米变软，加入红豆（先泡水3小时），大火煮滚再转小火焖煮2小时，熄火前加糖调匀即可。

功效：

紫米营养丰富，具补血效果；红豆能滋养肾气，去脾胃内热，治消渴，利小便；糯米具温补作用，可改善气虚现象，增加体力。

养生主菜

蛤蜊炒青菜

材料：

蛤蜊 200 克、姜 20 克、青菜 100 克

调味料：

盐少许，油、米酒适量

做法：

1. 所有食材洗净沥干，姜切片。
2. 炒锅加入油烧热，爆香姜片，放入蛤蜊快炒，盖上锅盖略焖至蛤蜊开口。
3. 将青菜入油炒熟，加盐调味。盛盘时将蛤蜊倒上。

功效：

蛤蜊含蛋白质、维生素、牛磺酸等营养成分，具有降血压，利尿，治水肿，消除疲劳的功效。

海鲜豆腐

材料：

鱼块 80 克、虾仁 50 克、豆腐（板豆腐）1 块、蒜末少许、姜片少许

调味料：

油 10 克、盐少许

做法：

1. 食材洗净，虾仁拭干水分，备用。
2. 鱼切块后，放入油锅内煎至两面呈金黄色。
3. 在锅内，炒香蒜末和姜片后，加入豆腐、鱼块、虾仁，再加入盐、清水（100 毫升），煮 10 分钟熄火即可。

功效：

豆腐含植物蛋白，鱼、虾含丰富蛋白质、脂肪、锌，是胸部丰满的必备要素。食用此料理可养颜美肤、丰满乳房。

养生主菜

黑豆炖猪手

材料：

猪手 200 克、大蒜 5 瓣、黑豆 50 克、姜 3 片、葱 1 根、枸杞少许、杜仲 10 克、大枣 10 克

调味料：

橄榄油 10 克、冰糖 20 克、米酒 100 毫升，酱油 10 毫升

做法：

1. 猪手切块，氽烫 3 分钟；葱切段，大蒜拍碎；药材洗净放入纱布袋。
2. 热油锅，爆香大蒜、葱段和姜片，再加猪手拌炒。
3. 加其他调味料炒匀，再加清水 1000 毫升，黑豆与药包一同放入，煮开后用小火焖煮 40 分钟即可。

功效：

黑豆含蛋白质、维生素 A、维生素 E，可活血养颜；猪手富含胶原蛋白，能促进胸部组织的饱满。这道料理丰胸效果极佳，同时具有增进皮肤弹性、强化骨骼的效果。

高纤蔬食

银鱼红苋菜

材料：

银鱼（小鱼）60 克、红苋菜 150 克、大蒜 2 个

调味料：

油适量、盐少许

做法：

1. 红苋菜挑除根部的梗和外膜洗净，大蒜切片，备用。
2. 将银鱼置于筛网内，以热水浇淋，备用。
3. 起油锅炒香大蒜片，加入红苋菜拌炒后，加入银鱼即可。

功效：

银鱼含丰富的钙质和蛋白质，有助于改善女性胸部曲线。

胡萝卜炒蛋

材料：

胡萝卜 2 根、鸡蛋 1 个

调味料：

麻油适量、盐少许

做法：

1. 胡萝卜去皮后切丝或刨丝，打散鸡蛋，备用。
2. 锅烧热，加入麻油，开大火倒入蛋液炒碎。
3. 胡萝卜丝入油，中火炒 3~5 分钟，再倒入碎蛋即可。

功效：

胡萝卜含有极丰富的 β－胡萝卜素，在体内会转为维生素 A，可维持视觉及皮肤的健康，有抗氧化的作用，能消除自由基，进而防癌，抗老化。

调养炖品

养生乌鸡汤

材料：

乌骨鸡200克，姜10克，党参5克、白术6克、黄芪5克、白芍8克、熟地5克，当归5克，炙草2克，川芎1克

调味料：

盐适量

做法：

1. 所有食材洗净沥干；乌骨鸡切块，汆烫后，去血水；姜切片；药材洗净装入纱布袋。
2. 汤锅加1000毫升水及药包、姜，煮滚。
3. 加入乌骨鸡煮滚后，转小火焖煮40分钟，最后加盐调味。

功效：

党参、白术、黄芪、白芍、熟地、当归、炙甘草、川芎都具补气养血，活血调经作用；乌骨鸡能补五脏，有助气血畅通，增强体力。

补气牛尾骨

材料：

牛尾骨200克、黄芪8克、红枣10克、黑枣10克、枸杞5克、肉桂5克

调味料：

盐少许

做法：

1. 食材洗净沥干；牛尾骨切块状，滚水汆烫；红枣、黑枣去核；药材洗净装入纱布袋。
2. 汤锅加1000毫升的清水，放入药材包至水滚，再加入牛尾块煮滚后，转小火续煮1小时。
3. 加盐调味即可。

功效：

黄芪可补气固表，排毒排脓；红枣、黑枣可补血；牛尾骨含大量胶原蛋白、蛋白质，除美白外，还可改善胸部曲线。

甜汤（点）

蜜糖黑豆

材料：

黑豆 100 克

调味料：

砂糖 30 克、蜂蜜 20 克、盐少许

做法：

1. 黑豆用砂糖、盐和温开水 200 毫升腌 6 小时。
2. 黑豆捞起，放入锅中，加清水 500 毫升煮沸，转小火熬煮 1 小时。
3. 黑豆捞出入碗，加蜂蜜调味即可食。

功效：

黑豆含维生素 A、维生素 E、钙、铁、蛋白质等营养素，可强化骨骼，活血养颜。

黄豆花生甜汤

材料：

去皮花生 80 克、黄豆 50 克

调味料：

冰糖 30 克

做法：

1. 花生和黄豆分别泡水 8 小时。
2. 花生和黄豆入锅加水 800 毫升，煮沸后转小火煮 1 小时至颗粒变软。
3. 加入冰糖调味即可食。

功效：

益气健脾，加速肠胃蠕动。

饮品

黑糖桂圆红枣茶

材料：

桂圆肉 20 克、红枣 6 颗、黑糖 30 克

做法：

1. 所有食材洗净、沥干。
2. 桂圆肉、红枣、黑枣放入锅中加清水 600 毫升，以大火煮沸转小火续煮 20 分钟。
3. 加黑糖调味后煮 5 分钟，即可熄火饮用。

功效：

黑糖能促进血液循环；红枣、桂圆能安神养心，补血益脾。肠胃道消化吸收不佳的妇女可多喝此茶。

枸杞调理茶

材料：

枸杞 15 克，黄芪 10 克，红枣、黑枣各 4 颗

做法：

1. 将所有材料洗净。
2. 热锅加清水 600 毫升煮沸，放入枸杞、黄芪、红枣、黑枣，转小火续煮 20 分钟。

功效：

枸杞补阴，可调节免疫系统功能；黄芪补虚，可调养虚弱体质；红枣补气，能健脾滋补；黑枣解毒，能补中益气。饮用该茶能增强体力。

后　记

本书能够顺利完成，要感谢以下专家学者的通力合作，他们给予本书专业的建议与指导，增添内容的实用性与多元化。他们是：

孙永庆、钟竺均、朱溥霖、李思仪、杨浚光、江佑宸、林嘉琪、王庆治、陈惠云、黄筱闵、范文俊。

由于坐月子涵盖饮食规划、药膳食补、产后护理、母乳哺育、产后护理及心理咨询等多个方面，这些专家学者有来自学术单位，有妇产科医师、中医师，以及月子中心负责人、经验丰富的护理人员。首先，要感谢的是中华科技大学孙永庆董事长及健康科学院钟竺均院长两位教育界重量级人物，不仅为本书的正式出版写序，也针对月子餐的营养调配提出建言，借由不同的饮食搭配，在坐月子期间循序渐进地调养身体，补得营养又健康。

为了让食补能与中药材结合，也特别感谢中药商业同业公会全国联合会理事长、华佗扶元堂朱溥霖董事长及李思仪中医院长给予指导，提供中药营养学方面的宝贵经验，并依照体质差异调整进补方式，坐收事半功倍之效。而面对古老流传下来的坐月子禁忌、产后医学，本书通过中、西医的完美结合，从不同角度进行探讨，在理清传统观念之余，一并融入现代生活，所以要感谢慈济医院妇产科杨浚光主治医师，扮演教育读者的重要角色，加上杨医师多年的临床经验，对于生产手术后的日常护理，也提供许多医疗常识让读者学习。产后护理也是对产妇的重要环节，感谢漾妈妈产后护理之家江佑宸总经理，及新婴悦护理中心林嘉琪护理总监十余年经验传承。

哺喂母乳在现代相当盛行，但在哺乳过程中却存在着乳腺不通、胀奶及奶水不足等问题，在此要感谢泌乳权威台大医院张桂玲护理长的经验传递，搭配其所发明的疏乳棒，以最方便简单的方法按摩疏通乳腺，可以达到维持乳腺通畅，进而达到通奶、多奶的效果。

对于现今步调紧凑的忙碌生活，月子餐的料理时间势必有所减少。有鉴于此，感谢前台北薇阁护理之家暨上海基因薇阁王庆治餐饮总监提供本书养生饮品、炖品的制作方式，让坐月子更有效率。至于妈妈们所担忧的产后忧郁症问题，感谢心灵咨询师黄筱闵女士所提供的产妇心理分析及恢复的方式。

最后感谢陈惠云、黄筱闵、范文俊对本书内容的整合，向读者抱歉的是，因篇幅有限，未将200道月子食谱一一展现。当然，本书在内容编写、论题设立与分析观点等方面，多少存在着不完善之处，希望读者提供宝贵意见，或者提供更精彩、更有深度的新知，以便在修订本书时将不完善之处弥补。对于来自读者更多的意见，本人将认真对待并尽可能采纳，请联系：york2891@gmail.com。

最后，再次对本书编写贡献过智慧的每一位人士表示衷心的感谢！

主编 陈学祥
2014年9月

主编微信二维码